高等职业教育"十三五"规划教材（软件技术专业）

C 程序设计简明教程

黄能耿　黄致远　编著

中国水利水电出版社
www.waterpub.com.cn
·北京·

内 容 提 要

　　本书是"Jitor 实训丛书"中的一本，以软件行业对编程人才的需求为导向，以培养应用型和创新型人才为目标，以 Visual C++ 6.0 为平台，重点讲解 C 程序设计基础、数组、函数、指针、结构体等内容，最后以一个综合项目结束。本书面向初学者，以程序设计的基本主线为重点，深入讲解程序设计的内涵，并将软件企业中的开发流程、编码规范等职业素养有机地融入到教材中。

　　本书的特点是提供了一个在线的 Jitor 校验器软件（下载地址为 http://ngweb.org/），提供了 124 个 Jitor 实训项目和 38 个 Jitor 综合实训项目，读者可以在 Jitor 校验器的指导下一步步地完成实训任务，每完成一步都提交给 Jitor 校验器检查，并实时得到通过或失败的反馈信息，校验通过后才能进入下一步操作。Jitor 校验器还会将成绩上传到服务器，让教师实时掌握学生的实训进展情况。此外，本书还针对 C 的重点和难点提供了 20 个微课。

　　本书是 C 语言的基础教程，既可作为高等职业院校的教材，也可作为应用型本科、中等职业院校、非学历培训机构的教材，还可供自学者使用。

　　本书中的 162 个 Jitor 实训项目也可配合其他教材使用。

图书在版编目（C I P）数据

C程序设计简明教程 / 黄能耿，黄致远编著. -- 北
京 ： 中国水利水电出版社，2020.2
　高等职业教育"十三五"规划教材. 软件技术专业
　ISBN 978-7-5170-8390-0

　Ⅰ. ①C… Ⅱ. ①黄… ②黄… Ⅲ. ①C语言－程序设
计－高等职业教育－教材 Ⅳ. ①TP312.8

中国版本图书馆CIP数据核字(2020)第027443号

策划编辑：石永峰　责任编辑：石永峰　加工编辑：孙　丹　封面设计：李　佳

书　　名	高等职业教育"十三五"规划教材（软件技术专业） C 程序设计简明教程 C CHENGXU SHEJI JIANMING JIAOCHENG
作　　者	黄能耿　黄致远　编著
出版发行	中国水利水电出版社 （北京市海淀区玉渊潭南路 1 号 D 座　100038） 网址：www.waterpub.com.cn E-mail：mchannel@263.net（万水） 　　　　sales@waterpub.com.cn 电话：（010）68367658（营销中心）、82562819（万水）
经　　售	全国各地新华书店和相关出版物销售网点
排　　版	北京万水电子信息有限公司
印　　刷	三河市航远印刷有限公司
规　　格	184mm×260mm　16 开本　15.5 印张　380 千字
版　　次	2020 年 2 月第 1 版　2020 年 2 月第 1 次印刷
印　　数	0001—2000 册
定　　价	46.00 元

Jitor 实训丛书使用说明

"Jitor 实训丛书"是一套 IT 类专业基础课程的教材，第一批出版的图书包括《C++程序设计简明教程》《C 程序设计简明教程》《Java 程序设计简明教程》《MySQL 数据库应用简明教程》和《Python 程序设计简明教程》，特色是采用 Jitor 校验器对读者的实训过程进行指导和校验。Jitor 的含义是即时校验（Just In Time，JIT），每做完一步操作即时进行校验。

丛书主编为"Jitor 实训丛书"开发了一个 Jitor 实训平台（软件著作权登记号 2014SR079784），支持 C、C++、Java、Python、MySQL 和 SQL Server 等语言的学习。该平台由 Jitor 校验器和 Jitor 管理器两部分组成。

丛书主页地址为 http://ngweb.org/，可以下载本书需要的软件和 Jitor 校验器。Jitor 管理器入口地址也在这个主页上。

一、Jitor 校验器

Jitor 校验器是一个绿色软件，下载后解压到合适的目录（目录名不能含有空格、汉字或特殊符号）中即可直接运行。

双击 Jitor 校验器的可执行文件，打开 Jitor 校验器的登录界面。

普通读者可以免费注册一个账号，注册时需要提供正确的 QQ 邮箱地址（一个 QQ 号只能注册一个账号）。学生则应该从教师处获取账号和密码。

登录后，选择《C 程序设计简明教程》，将看到本书的实训列表，第一次使用时选择【实训 1-1】，按照实训指导内容一步步地操作，每完成一步，单击【Jitor 校验第 n 步】，由 Jitor 校验器检查这一步的操作是否正确。校验成功则得到相应分数并进入下一步操作，校验失败则倒扣 1 分，改正错误后再次校验，直到成功为止。成绩将记录在服务器上，因此使用时需要连接互联网。

应该告诉 Jitor 校验器 C 项目保存的位置，这是在 Jitor 校验器的"配置"菜单中通过指定 C 的工作空间来完成的，Jitor 校验器的工作空间应该与 Visual C++ 6.0 的工作空间相同。

在 Jitor 校验器中，可以查看本次实训的成绩记录以及所有已做过的实训的成绩汇总，同时可以查看最近的错误日志。

Jitor 校验器的界面和使用说明详见第 1 章。

二、Jitor 管理器

Jitor 管理器是一个管理网站，为教师提供班级管理、学生管理、实训安排、成绩查询和汇总等功能。学生和普通读者不需要使用 Jitor 管理器。

三、Jitor 实训项目

本书提供了 124 个实训项目和 38 个综合实训项目，供普通读者和院校师生使用。

1. 普通读者

本书的特点是内容简明扼要，以程序设计的基本主线为重点，深入讲解程序设计的内涵，通过实训来充分展现基本知识点和技能点，因此读者要认真阅读相关代码，深入领会代码中的要点，特别是代码中的注释部分。

在阅读本书的同时，根据自己对书中内容的理解程度有选择地做相应的实训。

- 简单的实训：不必花费太多时间。
- 中等难度的实训：通过实训得到执行结果，从结果中再来理解代码。
- 难度大的实训：通过实训和跟踪调试加深对代码的理解。

2. 院校师生

对于院校师生，本书的实训项目分以下 4 种用途：

（1）课堂讲授：选用一些以基本知识点为主的实训作为课堂讲授，课后还可以让学生作为作业再做，对于简单的实训，也可以不做。

（2）机房实训：这类实训以巩固知识为主，可以直接让学生做；也可以由教师先讲一遍，然后再由学生做。

（3）机房测试：这是有一定综合性要求的实训，可以作为阶段小测或考试来使用；也可以事先让学生预习几个实训，小测或考试时从中选择一个或几个实训。

（4）课后作业：上述没有用到的实训选择一定数量作为课后作业。

实训的计分原则：只要完成了实训，就能够得到及格的分数（每个步骤扣分达到 3 分就不再扣分）。这些分数可以作为平时成绩和小测成绩计入学期总评分数，因此要鼓励学生完成教师布置的所有实训。

《C 程序设计简明教程》的实训资源列表见表 1。

表 1　Jitor 实训平台提供的 C 实训一览表

序号	实训标题	序号	实训标题
1	【实训 1-1】体验 C 语言程序和 Jitor 校验器	12	【实训 2-9】数据输出
2	【实训 1-2】C 语言的输入和输出	13	【实训 2-10】数据输入
3	【实训 1-3】C 程序的结构	14	【实训 2-11】数据格式控制
4	【实训 2-1】变量及赋值	15	【实训 3-1】if 语句的 3 种基本形式
5	【实训 2-2】字面常量	16	【实训 3-2】理解条件表达式
6	【实训 2-3】中文字符	17	【实训 3-3】巧用 if 语句
7	【实训 2-4】程序调试：变量的查看	18	【实训 3-4】if 语句的应用
8	【实训 2-5】前置自增和后置自增	19	【实训 3-5】if 语句的嵌套
9	【实训 2-6】逻辑运算和关系运算的应用	20	【实训 3-6】条件表达式
10	【实训 2-7】位运算符与位运算表达式	21	【实训 3-7】switch 语句的基本形式
11	【实训 2-8】数据类型转换	22	【实训 3-8】switch 语句的应用

序号	实训标题	序号	实训标题
23	【实训 3-9】实例详解（一）：求给定年份和月份的天数	55	【实训 5-5】函数原型说明
24	【实训 3-10】while 循环——计算 1～n 的整数和	56	【实训 5-6】程序调试：函数的跟踪调试
25	【实训 3-11】do...while 循环——计算 1～n 的整数和	57	【实训 5-7】传值调用——实参与形参
26	【实训 3-12】程序调试：循环的跟踪调试	58	【实训 5-8】嵌套调用——杨辉三角
27	【实训 3-13】for 循环——计算 1～n 的整数和	59	【实训 5-9】递归调用——阶乘
28	【实训 3-14】for 语句常见的两种变化	60	【实训 5-10】数组元素作为函数参数
29	【实训 3-15】while 语句的变化	61	【实训 5-11】一维数组作为函数参数
30	【实训 3-16】循环语句的嵌套——输出乘法表	62	【实训 5-12】二维数组作为函数参数
31	【实训 3-17】实例详解（二）：求 π 的近似值	63	【实训 5-13】函数与源代码文件
32	【实训 3-18】实例详解（三）：斐波那契数列	64	【实训 5-14】作用域
33	【实训 3-19】break 语句	65	【实训 5-15】动态变量与静态变量
34	【实训 3-20】continue 语句	66	【实训 5-16】局部变量与全局变量
35	【实训 3-21】exit()和 abort()函数	67	【实训 5-17】外部变量
36	【实训 3-22】实例详解（四）：求 e 的近似值	68	【实训 5-18】全局变量和静态全局变量
37	【实训 3-23】实例详解（五）：输出素数表	69	【实训 5-19】寄存器变量
38	【实训 3-24】实例详解（六）：百钱买百鸡问题	70	【实训 5-20】内联函数
39	【实训 4-1】一维数组的输出和输入	71	【实训 5-21】参数默认值
40	【实训 4-2】一维数组的最大值、最小值和平均值	72	【实训 6-1】不带参数的宏定义
41	【实训 4-3】一维数组逆序交换	73	【实训 6-2】带参数的宏定义
42	【实训 4-4】程序调试：一维数组的跟踪调试	74	【实训 6-3】包含系统头文件
43	【实训 4-5】实例详解（一）：冒泡排序法	75	【实训 6-4】包含自定义头文件
44	【实训 4-6】实例详解（二）：选择排序法	76	【实训 6-5】文件包含的嵌套
45	【实训 4-7】实例详解（三）：擂台排序法	77	【实训 6-6】条件编译
46	【实训 4-8】二维数组的输出和输入	78	【实训 6-7】实例详解：文件包含与条件编译
47	【实训 4-9】计算每位学生平均成绩	79	【实训 7-1】指针变量与普通变量
48	【实训 4-10】实例详解（四）：二维数组的转置	80	【实训 7-2】指针变量与一维数组
49	【实训 4-11】字符数组的输入和输出	81	【实训 7-3】指针变量的运算
50	【实训 4-12】字符串处理函数	82	【实训 7-4】指针指向的值的运算
51	【实训 5-1】使用 C 库函数	83	【实训 7-5】指针运算的优先级
52	【实训 5-2】使用自定义函数	84	【实训 7-6】程序调试：变量、指针与内存
53	【实训 5-3】函数返回值	85	【实训 7-7】一维数组与指针
54	【实训 5-4】无返回值的函数	86	【实训 7-8】二维数组与指针

序号	实训标题	序号	实训标题
87	【实训 7-9】字符数组与字符指针	106	【实训 8-5】结构体指针
88	【实训 7-10】传指针调用	107	【实训 8-6】结构体作为函数参数
89	【实训 7-11】一维数组与指针作为函数参数	108	【实训 8-7】链表的基本操作
90	【实训 7-12】字符串复制函数	109	【实训 8-8】程序调试：内存中的链表
91	【实训 7-13】指针数组	110	【实训 8-9】清空链表
92	【实训 7-14】数组指针	111	【实训 8-10】查找节点
93	【实训 7-15】指针函数	112	【实训 8-11】删除节点
94	【实训 7-16】函数指针	113	【实训 8-12】按序插入节点
95	【实训 7-17】实例详解（一）：通用求定积分函数	114	【实训 9-1】读取文本文件输出到屏幕上
96	【实训 7-18】动态内存分配	115	【实训 9-2】读取键盘输入，写入到文本文件上
97	【实训 7-19】实例详解（二）：一维数组的动态管理	116	【实训 9-3】读取文本文件输出到另一个文件
98	【实训 7-20】实例详解（三）：二维数组的动态管理	117	【实训 9-4】格式化写文件
99	【实训 7-21】引用类型变量	118	【实训 9-5】格式化读文件
100	【实训 7-22】传引用调用——引用作为函数参数	119	【实训 9-6】复制二进制文件
101	【实训 7-23】const 指针	120	【实训 10-1】主菜单的设计与实现
102	【实训 8-1】枚举类型的使用	121	【实训 10-2】Student 结构体的设计和实现
103	【实训 8-2】枚举变量的输入和输出	122	【实训 10-3】链表设计和实现（输入、输出、清空）
104	【实训 8-3】结构体类型的使用	123	【实训 10-4】链表设计和实现（删除节点、查询节点）
105	【实训 8-4】结构体变量的输入和输出	124	【实训 10-5】链表设计和实现（排序、读写文件）

前　　言

本书根据高等职业教育的特点，结合作者多年教学改革和应用实践经验编写而成。全书遵循项目导向的理念，在内容上做到简而精，在要求上实现高而严。本书不求面面俱到，重点和难点会详细讲解，并通过 Jitor 校验器指导读者反复练习，通过动手做让学习更轻松、理解更深刻、记忆更久远。

本书的最大特点是采用了作者开发的 Jitor 实训平台（见表 2）。

表 2　Jitor 实训平台功能介绍

Jitor 实训平台是信息技术大类专业课程（C、C++、Java、Python、MySQL 和 SQL Server 等）的实训教学平台，提供实训项目供教师选用。每门课程提供 100～200 个实训项目，对学生编写的代码和运行结果进行实时评价，实时监测全班学生的实训进展情况。

Jitor 实训平台下载地址为 http://ngweb.org/，包括 Jitor 校验器和 Jitor 管理器的入口地址。

教师容易使用，一步一步地教	学生乐于学习，一关一关地学
根据教学进度，在 Jitor 管理器中选择合适的 Jitor 实训项目发布给学生，要求学生在指定的时间内完成。可以安排在实训课的上课时间，也可以安排在课前课后时间里完成，教师可以实时掌握每位学生每个步骤的成功或失败情况。	每个实训项目由若干步骤组成，就像通关游戏一样，每个步骤如同关卡，每通过一个关卡就能得到一定的分数，如果通关失败，则倒扣 1 分。只要通过所有关卡，就能得到及格以上分数，如果想得高分，就要尽量避免失败。
实训项目的每个步骤都有实训指导内容，详细描述了该步骤的要求。教师只要布置好实训，Jitor 校验器就会自动地一步一步教学生如何去完成，并检查完成的效果。	学生按照每一关卡的要求进行编程操作，完成后提交给 Jitor 校验器检查，成功通关并得到分数后才能进入下一个关卡。学生只需一关一关地学，就能学到编程技能。

本书每个章节都有代码实例，提供了 162 个在线 Jitor 实训项目，供读者选择使用；最后一章是"综合项目"，综合运用本书知识完成一个学生成绩管理系统的开发。

本书特点如下：

（1）实例：本书包含大量实例，实例简明扼要、容易理解。

（2）实训：所有实例都有配套的实训，通过 Jitor 校验器在线使用，实时反馈结果。

（3）综合实训：每章结尾都有一些综合实训，测试读者综合运用所学知识的能力。

（4）综合项目：最后一章是一个综合性项目，可以安排在单独的课程设计专用周中完成。

（5）微课：针对 C 语言的重点和难点提供了 20 个微课。

本书遵循高职学生的认知和技能形成规律，使用通俗易懂的语言，配合数量众多的实例，由易到难、由浅入深、循序渐进地介绍各个知识点，通过大量的 Jitor 实训项目进行验证和巩固，并通过每章结尾的综合实训进行综合练习。在最后一章的综合项目中进行全面综合运用，将知识融于形象的案例中，提高学习的兴趣和效果。

本书面向初学者，起点低、无门槛，不需要任何编程基础知识，高中生就能学习。读者学完本书后，可以阅读更多的 C 语言相关书籍，进一步提高编程水平。

> **Tips** C 语言是 C++的子集，因此本书大部分内容与本丛书中的《C++程序设计简明教程》是相同的，不同的有输入和输出、动态内存管理和文件处理。

本书共 10 章，教师可以根据学生情况和教学安排来组织教学内容（见表 3），如果课时不够可以跳过某些内容。

表 3　课时安排建议

章	课时
第 1 章　C 语言概述	4
第 2 章　C 语言基础	8
第 3 章　程序结构和流程控制	10
第 4 章　数组	10
第 5 章　函数	10
第 6 章　编译预处理	2
第 7 章　指针与引用	10
第 8 章　枚举和结构体	4
第 9 章　文件处理	2
第 10 章　综合项目（课程设计）	专用周
合计	60

本书提供的课件、软件等相关资源可以从本书主页 http://ngweb.org/下载。

本书由无锡职业技术学院的黄能耿和无锡赛博盈科科技有限公司的黄致远共同编写，其中黄致远编写 100 千字，其余部分由黄能耿编写。本书由无锡职业技术学院的刘德强副教授主审。Jitor 实训平台由黄能耿研发，Jitor 实训项目由黄致远制作，全书由黄能耿统稿。在本书编写过程中编者得到单位领导和同事的大力支持和帮助，在此表示衷心感谢。

由于编者水平所限，加之时间仓促，书中不足甚至错误之处在所难免，恳请读者批评指正。

编　者

2019 年 10 月

目 录

第 1 章　C 语言概述

1.1　为什么学 C 语言

因为 C 语言是编程语言排行榜上长期居于前三位的语言，TIOBE 排行榜是对编程语言流行程度的权威解读（表 1-1）。

表 1-1　TIOBE 排行榜（https://www.tiobe.com/tiobe-index/，2019 年 4 月）

编程语言	2004	2009	2014	2019	说明
Java	1	1	2	1	吸收了 C++的精华，降低了编程难度。是大型网站和安卓手机的开发语言
C	2	2	1	2	编程语言的"一代宗师"，开创了 C 编程风格。是通用开发语言
C++	3	3	4	3	在 C 语言的基础上，增加了面向对象的功能。是通用开发语言
Python	9	5	7	4	是一种人工智能（AI）时代的编程语言
VB.NET	—	—	10	5	微软公司力推的编程语言，前身 Basic 语言有 60 年的历史
C#	7	6	5	6	微软公司力推的编程语言，采用 Java 创建的技术
JavaScript	8	8	8	7	最初是用于网站前端开发的语言，现已扩展应用到众多领域
PHP	5	4	6	8	一种用于开发网站后端的语言
SQL	6	—	—	9	数据库设计和开发的通用语言
Objective-C	44	36	3	10	是 C 语言的一种扩展，是苹果操作系统和苹果手机的开发语言

因为 C 语言是现代编程语言的"一代宗师"，开创了 C 编程风格，而且在 C 语言的基础上衍生出了数以百计的其他语言，如 C++和 Java，因此学好了 C 语言，学习 C++和 Java 时就会很容易。学好了 C 语言，相当于排行榜上前三位的语言就都学会了或有了初步的了解。

C 语言是一种在电子产品中使用最广泛的编程语言，日常生活所见的数以万计的电子产品，大到空调冰箱洗衣机，小到一个开关，只要包含了控制器，它们的控制程序就都是用 C 语言开发的。

如果专业方向是电子类、控制类，合适的选择是学习 C 语言。
如果专业方向是软件类、信息类，合适的选择是学习 C++、Java 和 SQL。
如果专业方向是大数据、人工智能，合适的选择是学习 Python 和 SQL。

小知识：C 语言的历史

1970 年，美国 AT&T 公司贝尔实验室的 Ken Thompson 和 Dennis Ritchie 开发了 UNIX 操作系统，是用汇编语言（一种类似于机器语言的低级语言）编写的，开发效率非常低。后来在 BCPL 语言的基础上设计了 B 语言，再发展成 C 语言，成功用于编写 UNIX 的第三版，极大地提高了开发效率。从此，C 语言就成为了现代编程语言的"一代宗师"。

1.2　安装 VC++ 6.0 开发软件

本书使用的所有软件都可以从本书主页下载，下载地址是 http://ngweb.org。

学习编程语言必须选择一种合适的开发软件。C 语言的开发软件有 Visual C++ 6.0、Visual Studio、Borland C、Eclipse 等。本书采用 Visual C++ 6.0（英文版），虽然软件比较旧，但是最适合初学者使用。

从本书主页的链接中下载 Visual C++ 6.0，解压后直接单击"安装"按钮，之后全部单击"下一步"按钮即可，一两分钟即可完成安装。

安装时不要改变安装目录和盘符，否则可能引起配置异常而出现错误。

1.3　体验 C 语言

1.3.1　体验 C 语言程序和 Jitor 校验器

体验 C 语言程序　　学习使用 Jitor 校验器

1. 启动 Jitor 校验器

下面通过一个例子，学习 Visual C++开发环境的使用，掌握 C 语言程序最基本的开发过程，学会使用 Jitor 校验器校验你的每一步操作。

【例 1-1】体验 C 语言程序和 Jitor 校验器（参见实训平台【实训 1-1】）。

运行并登录 Jitor 校验器，选择《C 程序设计简明教程》，将看到本书的实训列表，如图 1-1 所示。

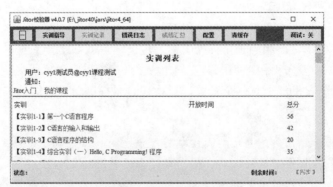

图 1-1　Jitor 校验器的实训列表界面（普通读者界面）

Tips　　　Jitor 校验器的安装参见扉页后的"Jitor 实训丛书使用说明",其中有关于账号和密码的说明,详细使用说明见 1.3.2 节。

单击【实训 1-1】第一个 C 语言程序,将看到该实训项目的实训指导内容,如图 1-2 所示。

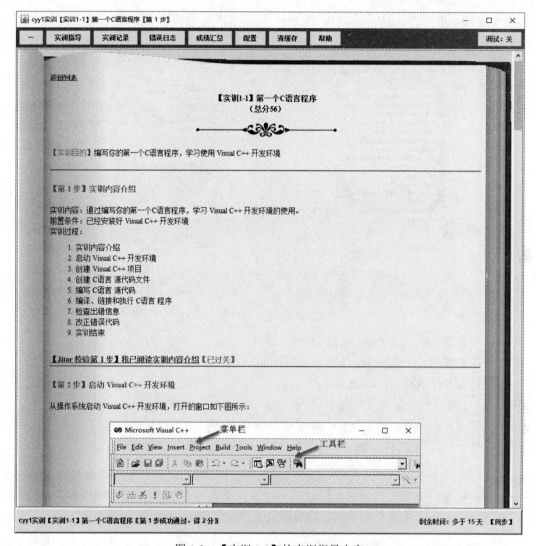

图 1-2　【实训 1-1】的实训指导内容

阅读【第 1 步】实训内容介绍,然后单击【Jitor 校验第 1 步】,此时会得到"签到送 2 分"的提示信息,同时在这个超链接的后面加上文字"【已过关】",表示你已完成这一步,参见图 1-2。

2. 启动 Visual C++ 开发环境

按照实训指导内容的要求,从操作系统启动 Visual C++ 6.0 开发环境,打开的窗口如图 1-2 中嵌套的 VC++ 界面图所示。

单击【Jitor 校验第 2 步】,告诉 Jitor 校验器你已完成这一步并得到相应的分数。

VC++ 6.0 的运行文件是 MSDEV.COM，位于默认安装路径 C:\Program Files (x86)\Microsoft Visual Studio\Common\MSDev98\Bin 下。如果找不到快捷键，可以直接运行这个文件。

3. 创建 Visual C++项目

按 Ctrl + N 快捷键（或从菜单 File 中选择 New 选项），将弹出 New 对话框，如图 1-3 所示。

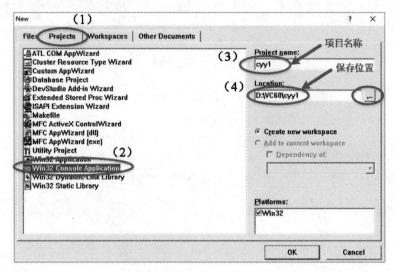

图 1-3　New 对话框

（1）在对话框中选择 Projects 选项卡。

（2）在左侧列表中选择 Win32 Console Applicaion 选项。

（3）输入项目名称（Project name）：cyy1。这个名称表示 C 语言的第 1 章。项目名称不能更改，因为 Jitor 校验器要求项目名称为"cyy"加上每章的编号。

（4）输入保存项目的位置（Location）：D:\VC60\cyy1。可以直接输入目录的路径，也可以通过右侧的 按钮来选择目录（图中选择的是 D:\VC60 目录，后面的\cyy1 会自动添加）。

保存位置中前半部分"D:\VC60"是 VC++ 6.0 的工作空间目录，可以替换成你自己的目录名，例如用你姓名的汉语拼音作为目录名，但不要用汉字，也不要加空格或其他符号。项目可以保存在其他盘（如 E:\或 F:\盘）的目录里。

完成后单击 OK 按钮，在接下来的对话框中单击默认按钮，直到完成项目的创建。

在单击【Jitor 校验第 3 步】之前，需要设置 Jitor 校验器的工作空间目录。参考 1.3.2 节中"2. Jitor 校验器的配置"的说明，配置好 Jitor 校验器的工作空间目录。此时才可以单击【Jitor 校验第 3 步】，Jitor 校验器将检查工作空间中是否创建了名为"cyy1"的项目，如果检查到这个项目，则校验通过；如果校验失败，参考 1.3.2 节中"3. 校验项目名称和项目类型是否正确"的说明进行改正。

4. 创建 C 语言源代码文件

再次按 Ctrl + N 快捷键（或从菜单 File 中选择 New 选项），弹出 New 对话框，如图 1-4 所示。

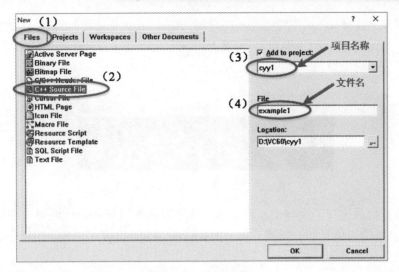

图 1-4　New 对话框

（1）在对话框中选择 Files 选项卡。

（2）在左侧列表中选择 C++ Source File 选项（这个选项同时可用于 C 和 C++开发）。

（3）选择前一步创建的项目的名称 cyy1。

（4）输入源代码的文件名 example1，文件后缀.cpp 将会自动添加。

完成后单击【Jitor 校验第 4 步】，Jitor 校验器会检查在 cyy1 项目中是否创建了源代码文件 example1.cpp。如果校验失败，参考 1.3.2 节中"4. 校验源代码文件名称和类型是否正确"的说明进行改正。

　C 源代码文件的标准后缀是.c，但是 VC++ 6.0 同时支持 C 和 C++，因此本书所有 C 源代码的文件后缀都采用了 C++的文件后缀.cpp。

5. 编写 C 语言源代码

在右侧的源代码编辑区输入下述源代码。如果编辑区被关闭了，可以在左侧的 Workspace 窗口中找到 example1.cpp，双击文件名就可以打开文件进行编辑。

```
#include <stdio.h>
void main(void)
{
    printf("Welcome to C 语言!\n");
}
```

这个程序非常简单，就是在屏幕上输出字符串"Welcome to C 语言!"，其中"\n"是控制符，会将光标移到下一行。注意"\"是反斜线（按键位于 Enter 键的上方）。

完成后单击【Jitor 校验第 5 步】，Jitor 校验器会检查源代码文件 example1.cpp 中的代码是否正确。如果校验失败，参考 1.3.2 节中"5. 校验编写的代码是否正确"的说明进行改正。

6. 编译、连接和执行 C 语言程序

源代码输入完成后，直接按 Ctrl + F5 快捷键（或从菜单 Build 中选择 Execute cyy1.exe 选项），VC++ 6.0 开发环境将完成一系列操作：对源代码进行编译、连接，生成可执行文件 cyy1.exe，然后执行这个文件，并将执行的结果显示在控制台上。

此时在屏幕上将弹出一个控制台窗口（黑色的窗口，也称命令行窗口），如图 1-5 所示，显示运行结果 "Welcome to C 语言!"。屏幕上还显示一行文字 "Press any key to continue"，表示按任意键将关闭这个窗口。

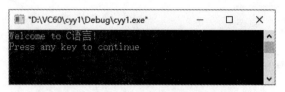

图 1-5　控制台窗口中的输出结果

同时在调试信息窗口上会输出这次编译、连接和执行过程中出现的警告和错误信息。图 1-6 显示的是 0 条错误信息和 0 条警告信息[0 error(s), 0 warning(s)]，表示编译、连接和执行过程全部正常完成。

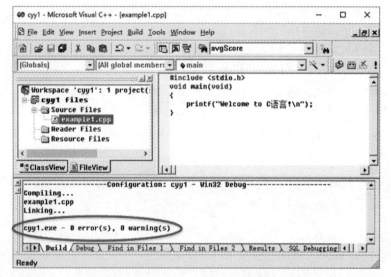

图 1-6　源代码正常录入和运行（无错误和警告）

　错误 error：程序代码中有错误，改正后程序才能通过编译，并连接和执行。

　警告 warning：程序代码中存在可能影响正确运行的代码或潜在的问题，此时程序可以正常编译、连接和执行，但需要引起关注，以防真正出现问题。

完成后单击【Jitor 校验第 6 步】，Jitor 校验器会校验运行结果。如果校验失败，参考 1.3.2 节中 "6. 校验程序运行的结果是否符合要求" 的说明进行改正。

7. 检查出错信息

如果存在错误或警告，则 VC++ 6.0 会显示错误和警告的列表及其相应的详细信息。例如，故意将代码中的 "printf" 错误地写成 "Printf"（首字母改为大写），编译执行时就会显示有一条错误，如图 1-7 所示。

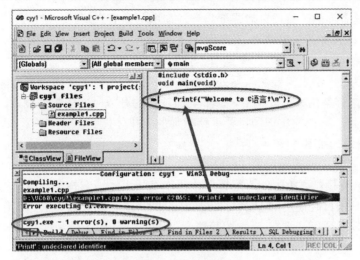

图 1-7　错误信息

错误信息中的"example1.cpp(4)"表示出现错误的文件名及代码的行号，括号中的"4"表示第 4 行，双击这一行错误信息，可以将编辑窗口中的光标定位到这一行，立即看到这一行代码的内容。

　　　双击错误信息能快速定位到出错的代码上，根据错误信息的提示就能很快改正代码中的错误。

这条错误信息的意思如下：

example1.cpp 文件的第 4 行，错误编号 C2065：无法识别的标识符 'Printf'

VC++ 6.0 认为 Printf 是一个没有定义过的标识符（正确的是 printf），不认识 Printf 这个词，所以 VC++ 6.0 给出了错误信息。

在出现编译错误时，单击【Jitor 校验第 7 步】，告诉 Jitor 校验器你尝试过这个错误，然后回答一个问题。

8. 改正错误代码

只要改正这个拼写错误，再次编译、连接、执行，错误信息自然就消失了。有时一个错误会引起多条错误信息，而需要改正的是第一个错误，再次编译执行即可通过。如果仍然有错误信息，再改正新出现的第一个错误。

如果是警告信息（Warning），对于初学者来说，通常可以不予理会。

这一步只要将 Printf 改回正确的拼写 printf，再次编译、连接和执行。然后单击【Jitor 校验第 8 步】，Jitor 校验器将会确认你已经改正这个错误。

这个发现错误和改正错误的过程称为调试（debug），因为程序中的错误被形象地称为臭虫（bug），调试的过程就是去除臭虫的过程（debug）。

1.3.2　Jitor 校验器的使用

Jitor 校验器是本书配套的一个软件，能帮助读者根据实训指导内容完成实训项目。

1. Jitor 实训项目列表

运行并登录 Jitor 校验器，学生和普通读者的界面有所不同。

（1）普通读者界面。普通读者需要自行注册账号。登录后选择《C 程序设计简明教程》，可以看到本书完整的实训项目列表。实训项目列表界面中没有指定开放时间，表示所有实训项目都是开放的，由读者自由选做，参见图 1-1。

（2）学生界面。学生需要从教师处取得账号和密码。登录后只能看到本书实训项目的部分列表，列表的内容是由教师安排的，每个实训项目的开放时间由教师设置，学生只能做开放时间内的实训项目，其他的实训项目要等待教师的安排才能做。

2. Jitor 校验器的配置

在实训项目开始之前需要配置 Jitor 校验器，告诉 Jitor 校验器你的 VC++ 6.0 工作空间在哪里。单击 Jitor 校验器菜单中的"配置"按钮，将弹出"请选择工作空间的目录"对话框，选择在创建 VC++项目时使用的 VC++ 6.0 工作空间目录，完成后单击"工作空间"按钮。如图 1-8 中的双向箭头所示，要求 Jitor 校验器的工作空间设置为 VC++的工作空间。

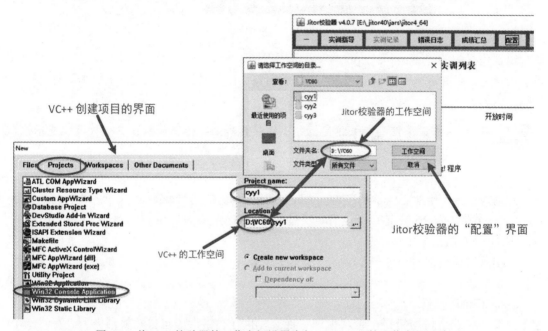

图 1-8　将 Jitor 校验器的工作空间设置为与 VC++ 6.0 的工作空间一致

在实训中应该确保 Jitor 校验器的工作空间与 VC++ 6.0 的工作空间一致，否则 Jitor 校验器无法校验你编写的代码及运行的结果。

3. 校验项目名称和项目类型是否正确

如果校验项目失败，Jitor 校验器会提示如下信息：

（1）项目找不到错误：此时会提示"在当前工作空间×××下找不到项目 cyy1"，如图 1-9 所示，其中×××是你设置的 Jitor 校验器的工作空间。找不到项目的原因有以下两个：

● 项目名称拼写错误，第 1 章的项目名称应该是 cyy1，第 2 章的项目名称是 cyy2。
● Jitor 校验器的工作空间与 VC++ 6.0 的工作空间不一致，从而导致 Jitor 校验器无法找到在 VC++ 6.0 工作空间的项目。此时要参考图 1-8 将 Jitor 校验器的工作空间设置成与 VC++ 6.0 的工作空间一致。

图 1-9   "项目找不到错误"时的提示信息

（2）项目类型错误：此时会提示"项目类型不是 Win32 Console Application"，如图 1-10 所示。虽然在工作空间中找到了项目 cyy1，但项目的类型不是 Win32 Console Application。此时要参考 1.3.6 节的内容找到 cyy1 项目所在的目录并将它删除，然后重新创建正确的项目。

图 1-10   项目类型错误时的提示信息

 本书所有项目的类型都应该是 Win32 Console Application，所以在以后的实训中遇到类似的问题，同样要采用以上解决方法。

4. 校验源代码文件名称和类型是否正确

校验失败时，Jitor 校验器提示创建源代码文件失败的信息，如图 1-11 所示。此时要重新创建源代码文件，保证类型和文件名都正确，文件后缀使用 C++语言的后缀.cpp。通常不需要再修改 Jitor 校验器的工作空间，除非它与 VC++ 6.0 的工作空间不一致。

5. 校验编写的代码是否正确

校验失败说明编写的代码有错误，此时提示信息中显示该行的正确代码作为修改时的参考，根据正确的代码来修改你的代码。提示信息的一个例子如图 1-12 所示，这条信息提示正确的代码是 void main(void)，而你的代码在这一行有错误。

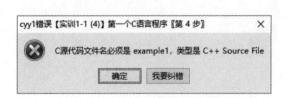

图 1-11   创建源代码文件失败时的提示信息   图 1-12   代码编写错误时的提示信息

6. 校验程序运行的结果是否符合要求

校验失败说明程序的运行结果有错误。提示信息的一个例子如图 1-13 所示。

可能的原因只有一个，就是运行的结果无法满足预定的要求，可能是你的代码本身有错误，也可能是在录入或修改代码后并没有运行程序，此时 Jitor 校验器找不到可执行文件，或者校验的是旧的可执行文件。

图 1-13   程序的运行结果有错误时的提示信息

7. 校验一些其他的操作是否正确

还有一些其他的错误提示信息，此时要按照提示信息的要求修改代码并提交 Jitor 校验。

1.3.3   C 语言的输入和输出

本小节将要编写一个程序，从键盘输入两个整数，求这两个整数的和，通过这个程序了解 C 程序的输入和输出功能。

【例 1-2】C 语言的输入和输出（参见实训平台【实训 1-2】）。

运行并登录 Jitor 校验器，选择【实训 1-2】。实训过程包含下述步骤。

1. 打开 cyy1 项目

本次实训还是在项目 cyy1 中进行。如果已经关闭了 VC++ 6.0，可以重新启动并打开项目，具体的方法参见 1.4.3 节和图 1-21。打开项目后，通常可以看到上一次打开的源代码文件。

如果找不到原来的项目，如换了一台计算机或者删除了原来的项目，可以再创建这个项目（项目名称仍然是 cyy1），继续进行实训。Jitor 校验器的工作空间要通过配置与 VC++ 6.0 的工作空间保持一致。

2. 创建源代码文件 example2

在项目 cyy1 中创建源代码文件 example2。

3. 编写 example2 的代码

在源代码编辑区输入以下源代码：

```
1.    #include <stdio.h>
2.    /*  求两个整数的和程序  */
3.    void main(void)
4.    {
5.        int a, b, sum;
6.        printf("Input a, b: ");
7.        scanf("%i %i", &a, &b);
8.        sum = a + b;
9.        printf("sum = %i\n", sum);
10.   }
```

这个程序比上一个程序复杂一些，第 2 行是注释，是给程序员读的，VC++ 6.0 编译器会忽略所有的注释。

第 5 行代码定义了 3 个变量，名称分别是 a、b 和 sum，这 3 个变量就像用来存放数据的 3 个杯子，如图 1-14 所示。

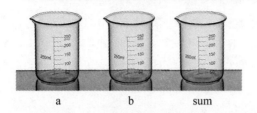

图 1-14 定义的 3 个变量

第 6 行代码输出字符串"Input a, b:"到屏幕上，提示你要输入 a 和 b 的值。

第 7 行用 scanf 语句将输入的两个值按顺序存放到变量 a 和 b 中，注意变量名的前面要加上&符号。就像把一定数量的水倒入图 1-14 中的杯子 a 和 b 中。

第 8 行将 a 和 b 的值相加，将相加的结果放入变量 sum 中，代码是"sum = a + b"，它的含义是将 a+b 的计算结果赋值给变量 sum，即 a + b→sum，如图 1-15 所示。就像把前面两个杯子的水都倒入后一个杯子。

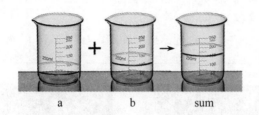

图 1-15 加法结束时 3 个变量的值

第 9 行输出字符串"sum ="及变量 sum 中保存的值，其中"\n"表示一行结束，光标会移到下一行。

  执行第 8 行的加法操作后，sum 中保存了相加的结果，而 a 和 b 中的数据仍然保留原来的值，数据是复制的，不像杯子其中的水倒出去以后就空了。

4. 连接错误

如果项目中保留了上次实训的代码 example1.cpp，并且上述源代码输入没有错误，执行时将会出现下述错误信息。如果是新建的项目（不存在源代码文件 example1.cpp），则要求重写 example1.cpp，目的是重现这种错误，学会识别并改正这种错误。

```
Compiling...
example1.cpp
example2.cpp
Linking...
example2.obj : error LNK2005: _main already defined in example1.obj
Debug/cyy1.exe : fatal error LNK1169: one or more multiply defined symbols found
Error executing link.exe.

cyy1.exe - 2 error(s), 0 warning(s)
```

其中 Linking...之后的信息表示连接（Link）错误信息。如果错误信息不是这样的，那么先修改出现的错误，直到得到上述错误信息。

错误分为两类：一类是编译（Compile）错误，它与某一行代码直接相关，在【实训1-1】中讲解过；另一类是连接（Link）错误，此时出现的错误并不显示对应的源代码行号，也不能通过双击错误信息定位到出错的代码行上。

5. 改正错误并执行

上述错误信息中关键的信息是"_main already defined in example1.obj"，意思是main这个名称已经在 example1.obj（对应的源代码文件是 example1.cpp）文件中出现过了，不应该在example2.cpp中重复出现。

在Workspace窗口中分别双击文件example1.cpp和example2.cpp，检查这两个文件后发现它们都有一行代码"void main(void)"。其中main在同一个项目中不允许重复出现。

解决的方法有以下两种（建议使用第二种方法）：

● 将example1.cpp中的main改为其他名称，例如改为main1。
● 从项目中移除example1.cpp文件（选择该文件后按Delete键），此时项目中就只剩下example2.cpp一个文件了。

然后执行，这次成功了，弹出执行结果的窗口，如图1-16所示。

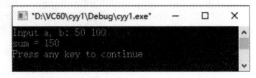

图1-16　程序的输入和输出

一开始提示你输入 a 和 b 的值，然后输入想要相加的两个数，输入结束后按Enter键，程序显示计算的结果。

输入两个值时，要用空格把两个值分隔开，可以用一个或多个空格，还可以用Enter键来分隔。在输入整数时，不能输入字母或任何符号。

1.3.4　C程序的结构

下面将要编写一个程序，其中包含一个求两个整数和的函数（函数将在第5章详细讲解，现在只简单了解一下就行），通过这个程序了解 C 程序的基本结构。

【例1-3】C程序的结构（参见实训平台【实训1-3】）。

运行并登录Jitor校验器，选择【实训1-3】。实训过程包含下述步骤。

1. 创建源代码文件 example3

本次实训还是在项目cyy1中进行。如果已经关闭了 VC++ 6.0，可以重新启动并打开项目，具体的方法参见1.4.3节及图1-21。如果项目不存在，则需要先创建同名的项目。

2. 编写 example3 的代码

在源代码编辑区输入以下源代码：

```
1.   #include <stdio.h>
2.   /*
3.   这个程序展现了 C 代码的基本结构
```

```
4.      程序由一个或多个函数组成
5.      */
6.      int add(int x, int y)   // 实现两数相加的函数，名为 add
7.      {
8.          int z;
9.          z = x + y;
10.         return z;          // 返回相加的结果
11.     }
12.
13.     // 加上空行可以提高可读性
14.     void main(void)    // 主函数，名称必须是 main
15.     {
16.         int a, b, sum;
17.         printf("Input a, b: ");
18.         scanf("%i %i", &a, &b);
19.
20.         sum = add(a, b);   // 调用函数 add，把复杂的代码放到函数里
21.         printf("sum = %i\n", sum);
22.     }
```

使用 Jitor 校验器时，Jitor 校验器提供了这个文件的电子版本让你复制，只是在关键的几个地方需要用键盘输入代码，大大减少了做实训时要输入的代码量。

这个程序的功能与上一个程序完全相同，但结构复杂一些，展现了 C 程序的基本结构。因此，我们重点分析这个程序的结构。

（1）注释。注释是写给程序员阅读的，也可以以后自己阅读，主要内容是记录程序的设计思路。VC++ 6.0 编译器会忽略所有的注释。

注释的写法有两种：多行注释和单行注释。

- 多行注释：第 2～5 行是多行注释，以"/*"开始，以"*/"结束，这两个符号之间的一行或多行内容都是注释。
- 单行注释：第 13 行是单行注释，以"//"开始，直到行的末尾。第 6、10、14、20行的后半部分（从"//"开始）也是单行注释。

（2）语句。C 语言要求每一条语句都以分号结束，因此第 8、9、10 行是语句，有些行（如第 6、7、11 行）虽然不是以分号结束，也归入语句中，可以认为它们是语句的一部分。

（3）指令。第 1 行是指令，所有指令以"#"开始，不能用分号结束。#include 是文件包含指令，告诉 VC++ 6.0 编译器将指定文件的内容插入到这个位置上。

　　　　本书绝大多数程序的第 1 行都是#include <stdio.h>指令，即需要将 stdio.h 文件中的内容插入到源代码文件中。

（4）函数。函数是执行同一个任务的若干行语句，用一个函数名来代表。

一个函数要有一个函数头（也叫函数说明），就是下面这行代码。

```
int add(int x, int y)
```

其中包含了以下 3 个部分：

- 函数名：代表函数里的整段代码。函数的命名要有一定的含义，例如"add"表示"加"，运行这个名字就是运行这段代码。
- 形参列表：函数名后圆括号中的参数说明，这个例子是"int x, int y"，表示需要两个整数作为参数。
- 返回值类型：函数名前面的类型说明，这个例子是 int，表示相加的结果是一个整数。

任何函数都有函数体，结构如下：

```
{
    int z;
    z = x + y;
    return z;        // 返回相加的结果
}
```

函数体中的语句必须用一对花括号括起来。

我们将在第 5 章深入学习函数，现在只需要了解这些就够了。

（5）项目的组成。项目的组成如图 1-17 所示。

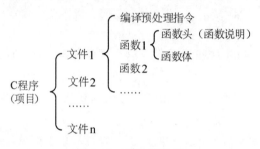

图 1-17 项目的组成

一个项目由一个或多个源代码文件组成。在 cyy1 项目中就有 3 个源代码文件：example1.cpp、example2.cpp 和 example3.cpp。

C 语言源代码文件的后缀应该是.c，但本书为了方便，采用 VC++ 6.0 的默认文件后缀.cpp。

每个源代码文件的开头是编译预处理指令，其中最重要的是文件包含指令。

每个源代码文件里有一个或多个函数，如 add 函数、main 函数。

每个函数由函数头和函数体组成，所有语句写在函数体内。

一个项目必须有且仅有一个 main 函数，它是这个程序运行的起点。

在一个项目中，不允许出现同名的函数，无论是否在同一个文件中，如同名的 add 函数或者同名的 main 函数。如果将一个源代码文件移出项目，那么这个文件中的函数就不属于这个项目，不会有同名之嫌。

（6）程序书写格式。

程序代码书写格式的要求如下：

- C 语言区分大小写，即 printf 和 Printf 是含义不同的两个名字。
- 每条语句以分号结束。

- 一行可以有多条语句（不提倡这样写）。
- 一条语句可以跨越多行（只有一行太长时才这样写）。
- 括号严格匹配（圆括号、方括号、花括号）。
- 花括号有特别的作用，用于将一条或多条语句组合在一起。
- 开始花括号和结束花括号各占一行（或者开始花括号在前一行的末尾）。
- 花括号与代码缩进相关联，内层花括号中的代码要比外层的代码多一个 Tab 键（或用 4 个空格代表一个 Tab 键）。

　　在代码中加适当的空格和空行可以使代码更容易阅读；代码行的正确缩进对提高代码的可读性有极其重要的作用。

3. 执行程序

程序执行的结果与【实训 1-2】的执行结果完全相同，参见图 1-16。

　　实现相同功能的程序可以有多种多样的编写方法，需要根据问题的复杂程度选择最合适的方法，保证代码结构清晰，可读性好，便于维护。

1.3.5　C 程序的开发过程

现在你已经完成了本章的 3 个实训，恭喜你。C 程序的开发过程可以分为多个步骤，见表 1-2。

表 1-2　C 程序的开发过程

步骤	说明
1. 分析问题	分析问题，提出解决方案，并为这个问题创建一个项目（例子中是 cyy1）
2. 编辑程序	创建 C 源代码文件（后缀为.c 或.cpp，例子中是 example1.cpp 等文件），在编辑窗口输入程序代码，然后修改代码、改正错误
3. 编译程序	VC++ 6.0 编译源代码文件，生成后缀为.obj 的目标文件，例子中是 example1.obj
4. 连接程序	VC++ 6.0 将一个或多个目标文件连接在一起，生成后缀为.exe 的可执行文件。可执行文件的名字与项目名相同，例子中是 cyy1.exe
5. 运行程序	运行可执行文件 cyy1.exe，检查程序的结果

按 Ctrl+F5 组合键执行程序时，VC++ 6.0 会自动地依次对源代码进行编译、连接和执行，因此在使用 VC++ 6.0 时并没有感觉到其中有 3 个分开的步骤。

不断地编辑修改程序代码、执行（含编译、连接）程序，直到程序没有错误，得到预期的结果。这样反复进行的过程就是程序开发和调试的过程。

1.3.6　C 工作空间和项目

1. 工作空间

VC++ 6.0 把保存项目的目录称为工作空间（Workspace），其中每一个项目对应工作空间目录中的一个子目录，如图 1-18（a）所示。

本书一共 10 章，每一章都是一个项目，将项目命名为 cyy 加每章的编号。

2. 项目

每个项目内保存了项目用的文件和源代码文件；另外还有一个 Debug 目录，其中保存了编译产生的目标文件（后缀 obj）及连接生成的可执行文件 cyy1.exe，这个可执行文件是以项目名命名的，如图 1-18（b）所示。

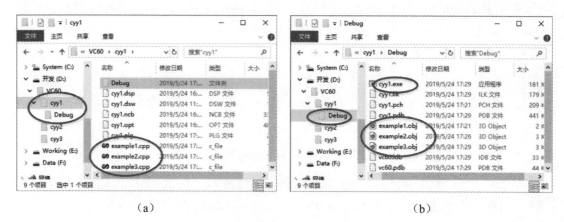

（a）   （b）

图 1-18   项目内部的文件结构

1.4   常见问题

1.4.1   VC++ 6.0 的安装

本书提供的 VC++ 6.0 是英文版，建议用英文版，这样还能熟悉一下英文，对学习英文有帮助。如果希望用中文版（有些中文版含有 BUG，经常出错），请自行到网上查找并下载。

安装时一定要安装到 VC++ 6.0 的默认安装目录（C 盘，而不要安装到 D 盘或其他盘符）中，否则可能引起配置方面的问题。

1.4.2   VC++ 6.0 的使用

（1）创建项目时，项目类型必须是 Win32 Console Application，否则引起错误。

（2）创建源代码文件时，文件的类型必须是 C++ Source File，否则引起错误。

（3）如果看不到 Workspace 窗口（不小心关闭了），在主菜单中选择 View→Workspace 选项，如图 1-19 所示。

（4）如果看不到 Compiling...信息窗口（不小心关闭了），在主菜单中选择 View→Output 选项。

（5）如果调试时看不到变量值的窗口（不小心关闭了），在主菜单中选择 View→Debug windows →Variables 选项。

（6）如果 Workspace 窗口占据了整个屏幕，需要开启 Docking View 模式，方法是在 Workspace 窗口空白处单击鼠标右键，在弹出的快捷菜单中

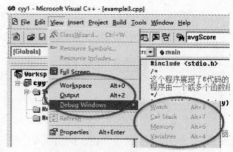

图 1-19   调整界面的窗口

选择 Docking View 选项，如图 1-20 所示。

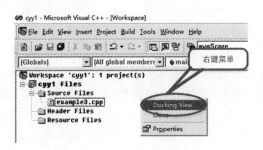

图 1-20 开启 Docking View 模式

1.4.3 VC++ 6.0 的项目和文件

1. 打开已有项目

在关闭 VC++ 6.0 之后重新启动，常常需要打开已有的项目，在已有项目上继续编程。方法是在主菜单中选择 File→Open Workspace 选项，如图 1-21 所示，在弹出的对话框中先找到工作空间所在的目录（也是 Jitor 校验器的工作目录），再打开项目所在的目录，选择以项目名命名的 dsw 文件，然后单击"打开"按钮。

 打开的项目文件应该是以项目名称命名的 dsw 文件（如 cyy1.dsw），不能是其他后缀，也不能是其他文件名，否则 Jitor 校验器无法校验。

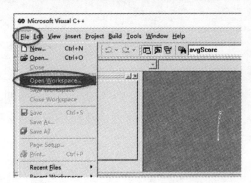 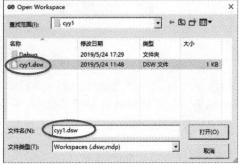

图 1-21 打开工作空间

 ①不要在资源管理器中通过双击 cpp 文件来打开；②不要在菜单中用 Open 子项来打开，而应用 Open Workspace 来打开工作空间中的项目，否则 Jitor 校验器无法校验。

2. 打开源代码文件

在打开的项目中，从 Workspace 区域的文件名列表中找到想要打开的文件（如图 1-20 所示）并双击，就能打开这个文件，并在编辑区域中对它进行编辑。

3. 从项目中移除源代码文件

正常情况下，项目中的源代码文件列于 Workspace 窗口中。只有列出的文件才属于这个项目，想把多余的文件排除出本项目则可以移除，例如含有 main 主函数的第二个文件。

在 Workspace 的 Source Files 列表中选择想要移除的文件，按 Delete 键，这个文件就会在项目中消失。

移除是指这个文件不再属于这个项目，而不是从硬盘中删除这个文件，在需要时还可以重新加入到这个项目中，见下面的讲解。

4. 将已有源代码文件添加到当前项目中

需要时，可以将已移除的文件再添加到项目中，方法是在 Workspace 窗口中右击 Source Files，在弹出的快捷菜单中选择 Add Files to Folder 选项，如图 1-22 所示，弹出 Insert Files into Project 对话框，选择需要的文件并加入到项目中，继续进行编程。

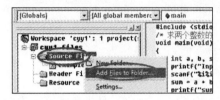

图 1-22　添加源代码文件

5. 无法生成可执行文件

出现图 1-23 所示的信息时，不表示代码有问题，而是在对源代码做了修改以后要生成新的可执行文件 cyy1.exe 时原来的 cyy1.exe 还在运行中，新的 cyy1.exe 无法写入同一个文件。

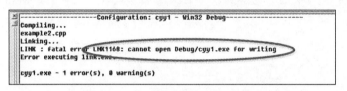

图 1-23　无法重新生成可执行文件

一般情况下，关闭所有运行中的 cyy1.exe 窗口就能解决问题，即关闭所有类似于图 1-16 的窗口。如果还是不能解决，只能关闭 VC++ 6.0 后重新启动。有时还需要在任务管理器中关闭运行中的 cyy1.exe，重新启动 VC++ 6.0。

1.4.4　编程时遇到的问题

（1）该有分号的地方少了分号，不该有分号的地方多了分号。例如 #include 指令的最后不能有分号，函数头的最后不能有分号，而语句的最后必须以分号结束。

（2）项目中出现多个 main 函数，错误信息如下：

example3.obj : error LNK2005: _main already defined in example2.obj
Debug/cyy1.exe : fatal error LNK1169: one or more multiply defined symbols found

（3）单词拼写错误，这是初学者最常犯的错误，例如有些字母容易混淆，如小写的字母 l 和数字 1，字母 O 和数字 0；将 main 拼写成 mian；大小写混淆等。

（4）代码中用了全角的标点符号，例如用了全角的分号"；"、全角的圆括号"（"等。特别难以发现的是用了一个全角的空格。错误信息如下：

D:\VC60\cyy1\example3.cpp(14) : error C2018: unknown character '0xa1'
D:\VC60\cyy1\example3.cpp(14) : error C2018: unknown character '0xa1'

其中 unknown character '0xa1' 表示不能识别的字符。双击它，定位到这一行，就能发现问题所在。

（5）变量或函数未定义，错误信息如下：

```
D:\VC60\cyy1\example3.cpp(17) : error C2065: 'c' : undeclared identifier
```

undeclared identifier 的意思是未定义的标识符。经常是由定义的变量名与引用的变量名拼写不一致造成的。

（6）括号不匹配，特别是有嵌套的括号时，经常出现括号不匹配的现象。代码的正确缩进有助于发现和改正这种问题。错误信息如下：

```
D:\VC60\cyy1\example3.cpp(18) : error C2143: syntax error : missing ')' before ';'
D:\VC60\cyy1\example3.cpp(18) : error C2143: syntax error : missing ')' before '}'
```

1.5　常用资源

1. 本书资源

http://ngweb.org/	本书作者提供的资源

2. 其他资源

https://www.cprogramming.com	C 语言网站
http://www.cplusplus.com/	C++网站（有些内容可以参考 C++语言）
https://www.w3cschool.cn/c/	适合初学者
https://www.runoob.com/cprogramming	适合初学者

1.6　综合实训

以下综合实训需要 Jitor 校验器实时批改：

（1）【Jitor 平台实训 1-4】编写一个程序，功能是输出字符串"Hello, C Language!"。

（2）【Jitor 平台实训 1-5】编写一个程序，功能是输入两个整数，输出两数之差。

（3）【Jitor 平台实训 1-6】编写一个程序，功能是输入矩形的长和宽（整数），输出其代表的矩形的面积。

（4）【Jitor 平台实训 1-7】编写一个程序，功能是输入 3 个整数的成绩，输出其平均值（取整数）。

第 2 章　C 语言基础

本章所有实训可以在 Jitor 校验器的指导下完成。

2.1　C 语言的基本要素

C 语言的基本要素有关键字、标识符、分隔符和代码注释 4 种。

2.1.1　关键字

关键字是具有特殊含义的标识符，是专用的，不能作其他用途。ANSI C 是 C 语言的标准，在这个标准中，C 语言的关键字有 32 个，见表 2-1。

表 2-1　ANSI C 语言关键字（32 个）

auto	break	case	char	const	continue	default	do
double	else	enum	extern	float	for	goto	if
int	long	register	return	short	signed	sizeof	static
struct	switch	typedef	union	unsigned	void	volatile	while

2.1.2　标识符

除了关键字之外，C 代码中用到的字母数字组合都是标识符。标识符用来做变量名、符号常量名、数组名、函数名、宏名、导出类型（也称自定义类型）等的名字。

1. 命名规则

标识符的命名规则（强制要求）如下：

- 由大写字母、小写字母、数字、下划线组成，共有 63 个字符（A～Z、a～z、0～9、_）。例如 avg、example1 是正确的，而 example1-1、example1 1 是错误的，前者含有非法的减号，后者含有非法的空格。
- 第一个字符不能是数字，例如 1_example 是错误的，因为第一个字符是数字。
- 不能与关键字相同，例如 int 不能作为标识符，但 int1 或 Int 可以作为标识符。
- 严格区分大小写，例如 avg 和 Avg 是两个不同的标识符。
- 标识符的长度不大于 247 个字符。

2. 命名规范

标识符的命名规范（非强制的要求，不同公司有不同的要求）如下：

- 要用有含义的英文单词或缩写，例如可以用 average 或 avg。
- 不要用汉语拼音或无意义的字符组合，例如不要用 abc，原因是难以理解。

在本书中，出于方便学习的目的，会经常出现单字母的变量名。

2.1.3　分隔符

分隔符用于分隔标识符和关键字，包括空格、分号、逗号、圆括号、方括号和花括号等。分隔符是半角的符号，如果使用了中文全角的空格、分号、逗号等就会出错。

其中与空格具有相同作用的还有制表符（Tab）和换行符（Enter）。连续多个空格与一个空格的作用是相同的。

2.1.4　代码注释

注释有两种：单行注释和多行注释。

1. 单行注释

下面是单行注释，单行注释从双斜线"//"开始，直到本行结束。

```
// 单行注释，以换行符为结束
```

2. 多行注释

下面是多行注释，多行注释从"/*"开始，直到"*/"结束。

```
/*
多行注释，注释内容跨越数行
*/
```

2.2　数据类型

C 语言的数据保存在内存空间中。内存空间就像现实世界中不同类型和不同大小的容器，如图 2-1 所示。

图 2-1　现实世界中不同类型和不同大小的容器

C 语言需要不同大小和格式的空间来保存不同的数据。C 语言的数据类型用于指定存放数据的内存空间的大小和格式，并限制其运算的种类。

C 语言的数据类型如图 2-2 所示。

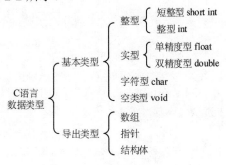

图 2-2　C 语言的数据类型

当选择数据类型时，需要考虑取值范围、精度、用途等因素。一般来说，数据类型占用的字节数越多，所能表示的范围也就越大，或者精度越高。常用基本数据类型见表 2-2。

表 2-2　常用基本数据类型

数据类型	名称	占用字节数	取值范围	精度
int	整型	4	$-2^{31} \sim 2^{31}-1$	精确
short int（int 可省略）	短整型	2	$-32768 \sim 32767$	精确
char	字符型	1	$-128 \sim 127$	精确
float	单精度型	4	$-10^{38} \sim 10^{38}$	6～7 位有效数字
double	双精度型	8	$-10^{308} \sim 10^{308}$	15～16 位有效数字

　　整型、短整型和字符型还分为有符号数（signed）和无符号数（unsigned）两种，无符号数的值全部是正数，例如无符号字符型（unsigned char）的取值范围是 0～255。本书主要讲解有符号数。

例如一个整数值 60，它可以用 int、short 或 char 类型的变量来保存，而 300 则不能用 char 类型的变量来保存，因为超出了可表示的范围。同理，100000 也不能用 short 类型的变量来保存。

字符型 char 保存的是一个很小的整数，用来表示一个字符。字符是可以从键盘上直接输入的符号，如小写字母'a'、数字'0'、星号'*'，在 C 语言里，字符要用单引号引起来。字符与其对应的整数的对照表参见附录 A，并在 2.3 节详细讲解。

实数在 C 语言里又称浮点数，例如 1.23，如果用单精度来表示，最多具有 6～7 位有效数字；用双精度来表示，则可以有 15～16 位有效数字。

2.3　变量和常量

2.3.1　变量

1. 变量的定义

变量用于保存一个具体的值。变量要有一个名字，还需要关联一个数据类型。因此，变量定义的语法格式如下：

```
数据类型 变量名;
```

例如，下述代码定义了两个变量。

```
int score;          // 定义一个保存成绩的整型变量
float temperature;  // 定义一个保存气温的单精度型变量
```

在一行语句中可以定义多个同类型的变量，变量之间用逗号分隔，例如以下代码：

```
int a, b, c;        // 定义 3 个整型变量
```

需要注意以下几点：

- 所有变量都具有数据类型，如整型、双精度型、字符型等。数据类型的作用是确定变量内存空间的大小和格式。

观察 C 程序中的变量

- 变量有名字，通过名字来访问相应的内存空间，将值保存到内存中或从内存中读取变量的值。
- 不可重复定义同名变量。

2. 变量的赋值

变量的赋值有以下 3 种情况：

（1）先定义后赋值。

语法格式如下：

数据类型　变量名；

变量名 = 值；

例如先定义变量 score，然后对其赋值。

```
int score;                    // 定义整型变量 score
score = 86;                   // 赋值为 86
```

（2）定义和赋值同时进行（初始化赋值）。

语法格式如下：

数据类型　变量名 = 初始值；

例如下述代码：

```
int score = 86;               // 定义整型变量 score 并初始化为 86
```

（3）直接赋值。

可以再次对变量直接赋值，从而改变原有的值。语法格式如下：

变量名 = 值；

例如前面的代码已经将 86 赋值给变量 score，还可以通过直接赋值修改它的值。

```
score = 96;
```

需要注意以下几点：

- 必须先定义后使用，不能在定义变量之前直接对其赋值或读取它的值。
- 变量必须赋值后才能使用，不赋值直接使用会造成不可预料的结果。

【例 2-1】变量及赋值（参见实训平台【实训 2-1】）。

```
#include <stdio.h>
void main(void){
    int score = 76;
    float temperature;
    int a;

    printf("score = {%i}\n", score);
    printf("temperature = {%f}\n", temperature);   // 输出的是一个不确定数，因为还未赋值
    printf("a = {%i}\n", a);   // 输出的是一个不确定数，因为还未赋值

//  d = 3;      // 先使用，这是错误的
//  int d;      // 后定义

    printf("再次赋值：\n");
    score = 86;
    temperature = 20.3;
```

```
    a = 11;

    printf("score = {%i}\n", score);
    printf("temperature = {%f}\n", temperature);
    printf("a = {%i}\n", a);
}
```

运行结果如下，注意在赋值前变量 temperature 和变量 a 的值是不确定的：

```
score = {76}
temperature = {-107374176.000000}
a = {-858993460}
再次赋值：
score = {86}
temperature = {20.299999}
a = {11}
```

2.3.2　字面常量

字面常量是直接用文字表示的固定不变的值，如 12、3.14159 和"Hello!"。

1. 整型常量和实型常量

整型常量有十进制、八进制和十六进制 3 种表示法，实型常量有小数表示法和科学记数法两种表示法，见表 2-3。

表 2-3　整型常量和实型常量的表示法

类型	表示法	可用的数字	说明	例子
整数	十进制	0～9	不以数字 0 开始的数字	1234
	八进制	0～7	以数字 0 开始的数字	01234（换算为十进制 668）
	十六进制	0～9、ABCDEF	以 0x 或 0X 开始的数字	0x1234（换算为十进制 4660）
实数（浮点数）	小数表示法		普通的小数表示法	1.234
	科学记数法		字母 e 或 E 表示 10 的幂次	1.234e3（即 1.234×10^3）

2. 字符常量和字符串常量

（1）字符。一个字符用 8 位二进制位来表示，取值范围是 0x0～0xFF，共 256 个。每个字符对应一个具体的数字，这个对照表是一个国际标准，称为 ASCII 码表，见附录 A。

ASCII 码表中的字符可以分为以下 3 个部分：

● 0x00～0x1F（0～31）：控制字符，附录 A 表中的第 1 列，如水平制表符（HT），共 32 个。

● 0x20～0x7F（32～127）：可见字符（可打印字符），附录 A 表中的第 2、3、4 列，包括大小写字母、数字、符号和空格，共 96 个。

● 0x80～0xFF：扩展字符，共 128 个，没有列在附录 A 的表中，用于表示特殊的字符，如欧洲一些语言的字母，普通的中文编码就是用两个扩展字符表示一个中文汉字。

字符常量可以用普通字符、转义字符来表示，转义字符有 3 种方式：控制字符、八进制和十六进制等，如图 2-3 所示。

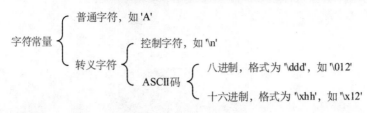

图 2-3　字符常量的表示方法

常用的转义字符有 6 个，见表 2-4。

表 2-4　常用的转义字符

转义字符	十进制	十六进制	八进制	名称	功能或用途
\t	9	0x09	011	水平制表符（Tab）	输出时水平移动一个制表位
\n	10	0x0A	012	换行符	输出时转到下一行（Linux 和 Windows）
\r	13	0x0D	015	回车符（Enter）	输出时回到第 1 列（Mac OS 和 Windows）
\'	39	0x27	047	单引号	输出单引号
\"	34	0x22	042	双引号	输出双引号
\\	92	0x5C	134	反斜线	输出反斜线（用于 Windows 路径中）

反斜线本身一定要转义 \\，单引号和双引号在有歧义时要转义，单引号在单引号内要转义，双引号在双引号内要转义，否则可转义也可不转义。

（2）字符串。字符串常量是多个字符连在一起，表示一个单词或一句话等。在需要时，字符串内部也应该使用转义字符。

字符串中转义字符的使用：双引号 """"、水平制表符 "\t" 和换行符 "\n" 经常用于字符串中；回车符 "\r" 通常不使用。

例如 12 表示数字 12，它的二进制是 0001100，而字符串"12"则是两个字符连续存放，这两个字符对应的 ASCII 码是 0x31 和 0x32（从附录 A 查找），对应的二进制是两个字节：00110001 和 00110010。

表 2-5　字符常量和字符串常量的区别

项目	字符	字符串
字符数量	一个字符，不能是零个	一个、多个或零个字符
分界符	单引号	双引号
结束标志	无结束标志	有结束标志（ASCII 为 0），详见第 4 章
例子	'A'、\''、''''、\''''、\\''、\t'、\011'、\x09'	"A string."、"He said \"Hi!\""、"It's me."、"It\'s me."

【例 2-2】字面常量（参见实训平台【实训 2-2】）。

```c
#include <stdio.h>
void main(void) {
```

```
    // 整数和浮点数
    int a = 42;
    int b = 052;                    // 八进制的 42
    int c = 0x2a;                   // 十六进制的 42
    double d = 12345.67;
    double f = 1.234567e4;          // 科学记数法

    printf("a ={%i}\n", a);         // %i 表示以整数的格式输出
    printf("b ={%i}\n", b);
    printf("c ={%i}\n", c);
    printf("d ={%f}\n", d);         // %f 表示以浮点数的格式输出
    printf("f ={%f}\n", f);

    // 字符和字符串
    printf("{\t}\n");               // 水平制表符（普通转义符）
    printf("{\011}\n");             // 水平制表符（八进制转义字符）
    printf("{\x09}\n");             // 水平制表符（十六进制转义字符）
    printf("{\\t}\n");              // \t（文本）

    printf("{\n}\n");               // 换行符（普通转义符）
    printf("{\012}\n");             // 换行符（八进制转义字符）
    printf("{\x0a}\n");             // 换行符（十六进制转义字符）
    printf("{\\n}\n");              // \n（文本）

    printf("{'}\n");                // 单引号（在双引号内）
    printf("{%c}\n", '\'');         // 单引号（在单引号内），%c 表示以字符的格式输出
    printf("{\"}\n");               // 双引号（在双引号内）
    printf("{%c}\n", '"');          // 双引号（在单引号内）

    printf("{\\}\n");               // 反斜线（普通转义字符）
    printf("{\\\\}\n");             // \\（文本）

    printf("{%s}\n", "Hello!");     // %s 表示以字符串的格式输出
}
```

2.3.3 const 常量

关键字 const 是英文单词 constant 的前 5 个字母，含义是常量。用它修饰的变量就成为常量，定义一个变量为常量的目的是避免不小心修改了变量的值。语法格式如下：

```
const 数据类型 常量名 = 常量值;
```
或
```
数据类型 const 常量名 = 常量值;
```

按照命名规范，常量名应该用大写字母，如果含有两个单词，则用下划线分隔，如 MAX_NUMBER。下面是一个简单的例子。

```
#include <stdio.h>
void main(void) {
```

```
    double const PI = 3.14159;      // 关键字 const 位于数据类型之后
    const double E = 2.71828;       // 关键字 const 也可以位于数据类型之前

    PI = 3.14159;        // 错误：不能再次赋值
    printf("圆周率 PI = {%f}\n", PI);
    printf("自然常数 E = {%f}\n", E);
}
```

2.3.4　中文字符

常用的中文字符（汉字）有 6000 多个，在计算机里一般用两个字节表示一个汉字，这样理论上最多可以表示 256×256=65536 个字符。Windows 采用的 GBK 编码方案共收录 21003 个汉字和 883 个符号。

一个汉字至少占用两个字节，所以汉字一定是字符串。

【例 2-3】中文字符（参见实训平台【实训 2-3】）。

注意：以下代码有错误，用于详细说明这些错误的原因。

```
1.   #include <stdio.h>
2.   // 求字符串长度函数 strlen 需要下面这行指令
3.   #include <string.h>
4.
5.   void main(void) {
6.       字
7.       char c[] = "这是汉字；";    // 比较全角的分号"；"和半角的分号";"
8.
9.       printf("字符串是{%s}\n",   c);
10.      printf("字符串长度={%i}\n", strlen(c));
11.      printf("这是一个汉字={%s}\n", "\xd7\xd6");
12.  }
```

其中第 7 行的 c[] 定义了一个字符数组（数组在第 4 章详细讲解），可以保存多个字符，它的值是 5 个汉字（包括一个全角的分号）。

以上代码中有错误，错误信息显示如下：

```
Compiling...
cyy2code.cpp
d:\vc60\cyy2\cyy2code.cpp(6) : error C2018: unknown character '0xd7'
d:\vc60\cyy2\cyy2code.cpp(6) : error C2018: unknown character '0xd6'
d:\vc60\cyy2\cyy2code.cpp(7) : error C2018: unknown character '0xa3'
d:\vc60\cyy2\cyy2code.cpp(7) : error C2018: unknown character '0xbb'
d:\vc60\cyy2\cyy2code.cpp(9) : error C2146: syntax error : missing ';' before identifier 'printf'
d:\vc60\cyy2\cyy2code.cpp(9) : error C2018: unknown character '0xa1'
d:\vc60\cyy2\cyy2code.cpp(9) : error C2018: unknown character '0xa1'
Error executing cl.exe.

cyy2.exe - 7 error(s), 0 warning(s)
```

错误信息的意思是第 6 行有两个无法识别的字符'0xd7'和'0xd6'，其实这就是第 6 行"字"的编码。

第 7 行无法识别的字符'0xa3'和'0xbb'是行末的全角分号。

第 9 行无法识别的字符'0xa1'和'0xa1'是一个全角空格，它隐藏在语句行中。

 GB 2312 – 1980《信息交换用汉字编码字符集 基本集》收录了 6763 个汉字和 682 个图形符号，这些图形字符就包括全角分号和全角空格。

2.3.5 程序调试：变量的查看

Visual C++ 6.0 提供了程序调试功能，通过调试可以进一步理解变量和数据类型，程序调试用的快捷键见表 2-6。

表 2-6 程序调试用的快捷键

功能	快捷键	说明
切换断点	F9	运行到断点时程序暂停，可以观察变量的值
执行到下一个断点	F5	同时用于开始调试
执行当前行，一次执行一行	F10	用于跟踪执行的过程

下面通过实例来学习调试的操作。

【例 2-4】程序调试：变量的查看（参见实训平台【实训 2-4】）。

在 Jitor 校验器中按照提供的操作要求，参考图 2-4 进行实训。

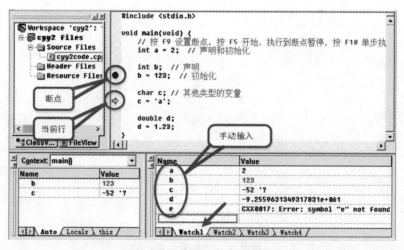

图 2-4 变量的定义和初始化

调试用代码如下：

```
#include <stdio.h>

void main(void) {
    // 按F9键设置断点，按F5键开始，执行到断点暂停，按F10键单步执行
    int a = 2;    // 声明和初始化

    int b;        // 声明
```

```
        b = 123;      // 初始化

        char c;       // 字符类型的变量
        c = 'a';

        double d;
        d = 1.23;
    }
```

图 2-4 是调试过程中断点、当前行和变量之间的关系。按 F9 键设置断点（光标所在的行，再按一次取消断点）；按 F5 键开始调试；按 F10 键单步跟踪执行代码。在这个过程中，变量的值是动态显示的。右下方的 5 个变量 a、b、c、d 和 e 是手动输入的，其中变量 e 并没有在代码中定义，所以显示未找到；其他 4 个变量已被定义，所以是有值的。当执行到图中所示的当前行时，a 和 b 已赋值，有准确的值；c 和 d 还未赋值，有不确定的值。变量 b 的值是红色的，表示是刚被修改过的值。

2.4 运算符和表达式

表达式是由常量、变量和运算符组成的算式，C 语言的运算符有两类，见表 2-7。

表 2-7 运算符的分类

运算符分类	操作数的个数	例子
一元运算符	1	+3 表示正 3，–5 表示负 5，符号的前面没有操作数
二元运算符	2	2 + 3 表示 2 加 3，加号前后各有一个操作数

2.4.1 算术运算符和赋值运算符

C 语言的算术运算符和赋值运算符见表 2-8 和表 2-9。

表 2-8 算术运算符

操作数	运算符	功能	例子（以整型变量 a、b 为例）	例子的运算结果
一元运算符	+	取正值	a = 6; b = +a;	a= 6 ; b= 6
	–	取负值	a = 6; b = -a;	a= 6 ; b = –6
二元运算符	+	加	a = 6 + 8;	a = 14
	–	减	a = 6 – 8;	a = –2
	*	乘	a = 6 * 8;	a = 48;
	/	除（求商）	a = 16 / 3;	a = 5
	%	模除（求余数）	a = 16 % 3	a = 1;

表 2-9 赋值运算符

分类	运算符	功能	例子（以整型变量 a 为例）	例子的运算结果
基本赋值	=	赋值	a = 12; a = 2;	2

2.4.2 自增、自减运算符

C 语言提供了自增和自减运算符，它们是一元运算符，见表 2-10。

表 2-10 自增、自减运算符

操作数	运算符	功能	例子（以整型变量 a 为例）	例子的运算结果
一元运算符	++	自增	int a = 3; a++;	4
	--	自减	int a = 3; a--;	2

通常只对字符型和整型变量（char、short、int）进行自增或自减操作，不能对常量进行自增或自减操作。

将自增和自减运算符作为表达式的一部分时，还有前置和后置的区别，下面通过一个例子加以说明。

【例 2-5】前置自增和后置自增（参见实训平台【实训 2-5】）。

（1）前置自增。

```
#include <stdio.h>
void main(void) {
    int a = 3, b;

    b = ++a;   // 前置自增，先自增后赋值，相当于 a++; b =a;

    printf("a = {%i}\n", a);
    printf("b = {%i}\n", b);
}
```

运行结果如下：

```
a = {4}
b = {4}
```

（2）后置自增。

```
#include <stdio.h>
void main(void) {
    int a = 3, b;

    b = a++;   // 后置自增，先赋值后自增，相当于 b = a; a++;

    printf("a = {%i}\n", a);
    printf("b = {%i}\n", b);
}
```

运行结果如下：

```
a = {4}
b = {3}
```

2.4.3 关系运算符和关系表达式

C 语言的关系运算符见表 2-11。

表 2-11　关系运算符

操作数	运算符	功能	例子	例子的运算结果
二元运算符	==	等于运算	6 == 5	假（0）
	!=	不等于运算	6 != 5	真（1）
	>	大于运算	6 > 5	真（1）
	<	小于运算	6 < 5	假（0）
	>=	大于或等于运算	6 >= 6	真（1）
	<=	小于或等于运算	6 <= 6	真（1）

注：在"例子的运算结果"栏，结果只有两种值，要么是 0（表示假），要么是 1（表示真），不可能是其他值。

2.4.4　逻辑运算符和逻辑表达式

逻辑运算符包括逻辑取反、逻辑与、逻辑或等，是针对真和假的操作，0 为假，非 0 为真，见表 2-12。

表 2-12　逻辑运算符

操作数	运算符	功能	例子[注 1]	例子的运算结果[注 2]	说明
一元运算符	!	非	!1	0	真假相反
			!0	1	
二元运算符	&&	与	0 && 0	0	都为真时才为真
			0 && 1	0	
			1 && 0	0	
			1 && 1	1	
	||	或	0 || 0	0	只要有真时就是真
			0 || 1	1	
			1 || 0	1	
			1 || 1	1	

注 1：在"例子"栏，0 表示假，非 0 值表示真（例子中 1 只是其中一个代表值，改为任何非 0 值时，结果不变）。

注 2：在"例子的运算结果"栏，结果只有两种值，要么是 0（表示假），要么是 1（表示真），不可能是其他值。

2.4.5　逻辑运算和关系运算的应用

在编程过程中，逻辑运算符和关系运算符有非常广泛的应用。下面通过实例加强对这方面的认识和理解。

【例 2-6】逻辑运算和关系运算的应用（参见实训平台【实训 2-6】）。

（1）判断一个整数是否在 5～100 的闭区间内。

```
#include <stdio.h>
void main(void) {
```

```
    int a;
    printf("输入一个整数：");

    scanf("%i", &a);
    printf("这个整数在 5～100 的闭区间内：{%i}\n", (a>=5 && a<=100));
}
```

（2）判断一个整数是否是 5～100 的开区间内的奇数。

```
#include <stdio.h>
void main(void) {
    int a;
    printf("输入一个整数：");

    scanf("%i", &a);
    printf("这个整数是 5～100 的开区间内的奇数：{%i}\n",   // 这一行太长，分为两行
        ((a>5 && a<100) && a%2!=0));
}
```

（3）判断一个字符是否是小写字母。

```
#include <stdio.h>
void main(void) {
    char a;
    printf("输入一个字符：");

    scanf("%c", &a);     // %c 表示输入字符
    printf("这个字符是小写字母：{%i}\n", (a>='a' && a<='z'));
}
```

（4）判断一个字符是否是标识符中可用的字符。

```
#include <stdio.h>
void main(void) {
    char a;
    printf("输入一个字符：");

    scanf("%c", &a);
    printf("这个字符是标识符中可用的字符：{%i}\n",
        ((a>='a' && a<='z')       // 小写字母
        || (a>='A' && a<='Z')       // 大写字母
        || (a>='0' && a<='9')       // 数字
        || (a=='_')));              // 下划线
}
```

（5）判断输入的年份是否是闰年。

```
#include <stdio.h>
void main(void) {
    int y;
    printf("输入年份：");

    scanf("%i", &y);
    printf("这一年是闰年{%i}\n",
```

```
            (y % 400==0                         // 能被 400 整除是闰年
            || (y % 4==0 && y % 100!=0)));      // 或者能被 4 整除，但不是百年的是闰年
}
```

2.4.6　位运算符与位运算表达式

常用的位运算符有 6 种，是针对二进制中的每一位进行操作，每一位的取值是 0 或者 1。其中按位取反是一元运算符，见表 2-13。

表 2-13　位运算符

操作数	运算符	功能	例子	例子的运算结果	说明
一元运算符	~	按位取反	~ 0 ~ 1	1 0	与原来的相反
二元运算符	&	按位与	0 & 0 0 & 1 1 & 0 1 & 1	0 0 0 1	都为 1 时才为 1
	|	按位或	0 | 0 0 | 1 1 | 0 1 | 1	0 1 1 1	只要有 1 时就为 1
	^	按位异或	0 ^ 0 0 ^ 1 1 ^ 0 1 ^ 1	0 1 1 0	只有不同时才为 1
	<<	按位左移	00001000 << 2	00100000	左移，末尾加 2 个 0，多余的丢弃
	>>	按位右移	00001000 >> 2	00000010	右移，前面加 2 个 0，多余的丢弃

【例 2-7】位运算符与位运算表达式（参见实训平台【实训 2-7】）。

```c
#include <stdio.h>
#include<stdlib.h>          // 二进制输出时需要

void main(void) {
    char binbuf[33];        // 存储二进制字符串的空间

    int a;
    printf("输入第一个整数（小于 128）: ");
    scanf("%i", &a);

    int b;
    printf("输入第二个整数（小于 128）: ");
```

```
scanf("%i", &b);
printf("\n");

printf("a 的二进制: {%8s}\n", itoa(a, binbuf, 2));          //最后一个参数 2 表示二进制
printf("b 的二进制: {%8s}\n", itoa(b, binbuf, 2));

printf("a&b 的结果: {%8s}\n", itoa(a&b, binbuf, 2));
printf("a|b 的结果: {%8s}\n", itoa(a|b, binbuf, 2));
printf("a^b 的结果: {%8s}\n", itoa(a^b, binbuf, 2));
}
```

 位运算一般用于嵌入式、底层驱动、通信协议、电子设备及物联网设备的编程中。

2.4.7 复合赋值运算符

赋值运算符有两种：一种是基本赋值运算符，另一种是复合赋值运算符，见表 2-14。

表 2-14 赋值运算符

分类	运算符	功能	例子（以整型变量 a 为例）	例子的运算结果
基本赋值	=	赋值	a = 12; a = 2;	2;
复合赋值	+=	加等于	a = 12; a += 2;	14;
	-=	减等于	a = 12; a -= 2;	10;
	*=	乘等于	a = 12; a *= 2;	24;
	/=	除等于	a = 12; a /= 2;	6;
	%=	模除等于	a = 12; a %= 2;	0;

复合赋值运算符是算术运算和赋值运算的复合，不提供新的功能，但是有助于编写出简洁的代码，提高可读性。因此，只要可能，尽量使用复合赋值运算符。

复合赋值运算符的一些例子见表 2-15。

表 2-15 复合赋值运算符的一些例子

比较项	加等于	减等于	乘等于	除等于	模除等于
复合赋值	a += 3;	a -= 3;	a *= 3;	a /= 3;	a %= 3;
等价的代码	a = a + 3;	a = a - 3;	a = a * 3 ;	a = a / 3 ;	a = a % 3;

2.4.8 数据类型转换

数据类型的转换

在二元运算符的运算过程中，两个操作数必须是相同类型的，否则就不能进行运算。

当两个操作数的类型不同时，需要将它们转换为相同的类型。转换的方法有两种：自动类型转换和强制类型转换。

1. 自动类型转换

由编译器自动进行转换，转换的原则：①将占用空间小的转换为占用空间大的，避免数

据的溢出；②将精度低的转换为精度高的，避免精度损失。具体的规则如图 2-5 所示。

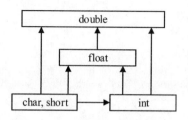

图 2-5　自动类型转换的规则

图中横向向右的箭头表示运算时必定的转换（例如 char 和 char 相加，这两个 char 也会转换为 int，然后相加）；纵向向上的箭头表示当运算对象为不同类型时转换的方向（例如 char 遇到 float 时转换为 float，char 遇到 double 时转换为 double）。

2．强制类型转换

如果要实现自动类型转换无法实现的转换时，可以使用强制类型转换。通常是在代码中指定向精度低或占用空间小的类型转换，因此程序员应该自行承担数据溢出和精度损失的风险。

强制类型转换的语法格式如下：

```
(数据类型)变量或常量
```

【例 2-8】数据类型转换（参见实训平台【实训 2-8】）。

（1）自动类型转换。

```
#include <stdio.h>
#include <typeinfo.h>    // 这个包含文件用于获得变量的数据类型
void main(void){
    int a1 = 2, a2 = 3;
    short b1 = 2, b2 = 3;
    char c1 = '2', c2 = 'c';
    double d1 = 2.1, d2 = 3.1;
    float f1 = 2.1;      // 这里有一个警告信息
    float f2 = 3.1f;     // 没有警告，因为加了一个 f，表示是一个单精度浮点数

    printf("short、char 自动转换为 int：\n");
    printf("短整数相加的结果类型={%s}\n", typeid(b1 + b2).name());   // 这里用的是 C++的功能
    printf("字符相加的结果类型={%s}\n", typeid(c1 + c2).name());

    printf("\n 不同类型相加：\n");
    printf("整数加单精度的结果类型={%s}\n", typeid(a1 + f2).name());
    printf("字符加双精度的结果类型={%s}\n", typeid(c1 + d2).name());
    printf("单双精度相加的结果类型={%s}\n", typeid(f1 + d2).name());
}
```

运行结果如下，其中前一组结果演示的是图 2-5 中的向右箭头，后一组结果演示的是图 2-5 中的向上箭头。

```
short、char 自动转换为 int：
短整数相加的结果类型={int}
字符相加的结果类型={int}
```

不同类型相加：
整数加单精度的结果类型={float}
字符加双精度的结果类型={double}
单双精度相加的结果类型={double}

（2）强制类型转换。

```
#include <stdio.h>

void main(void){
    printf("强制类型转换（精度损失）\n");
    double d = 1.123456789012345;
    float f = (float)d;      // 强制类型转换
    printf("d={%.15f}\n", d);     // .15 表示以 15 位小数输出
    printf("f={%.15f}\n", f);

    printf("\n 强制类型转换（数据溢出）\n");
    int a = (int)7000000000;    // 全世界人口 70 亿，超出整型的范围
    printf("70 亿={%i}\n", a);
}
```

运行结果如下，其中前一组结果演示的是精度损失，第 8 位后的数字是不准确的；后一组结果演示的是数据溢出，造成数据完全失真，结果不正确。

```
强制类型转换（精度损失）
d={1.123456789012345}
f={1.123456835746765}

强制类型转换（数据溢出）
70 亿={-1589934592}
```

2.4.9 运算符的优先级

运算符的优先级在表达式中起非常重要的作用，一定要认真学习。简单来说，就是先乘除后加减，一元运算符优先级最高，可以用括号调整优先级，见表 2-16，详见附录 B。

如果不太确定优先级或者表达式比较复杂，应该加上括号，便于编写正确的表达式，同时提高可读性。

表 2-16　运算符的优先级

运算符	说明	结合性
()	括号优先	
expr++、expr--、++expr、--expr、+expr、-expr、类型转换	一元运算	左结合性
!	一元运算	右结合性
*、/、%	乘、除、模除	左结合性
+、-	加、减	左结合性
<<、>>	左移、右移	

运算符	说明	结合性
<、>、<=、>=、==、!=	关系运算	左结合性
&&、‖	逻辑与、逻辑或	左结合性
?:（在第 3 章讲解）	条件运算符	
=	赋值	右结合性
+=、-=、*=、/=、%=	复合赋值	左结合性

注：优先级是上面的最高，向下依次降低，即括号优先级最高，复合赋值最低。

2.5　简单的输入和输出

2.5.1　数据输出

使用 printf()函数实现数据的输出，printf 中的 f 表示 format，即格式化输出。格式是一个以%开始的字符串，通常是一个字母，常见的输出格式见附录 C。注意以下几点：

- printf 可以没有格式。
- 如果 printf 有格式，参数的个数、类型、顺序和含义应该与格式相匹配。

如图 2-6 所示的语句中有两个格式字符串"%i"，分别对应于变量 a 和 b。

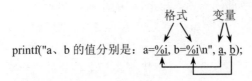

图 2-6　输出格式字符串与变量的关系

下面用一个例子加以说明。

【例 2-9】数据输出（参见实训平台【实训 2-9】）。

```
#include <stdio.h>
void main(void){
    int a = 123;
    int b = 321;
    char c = 'A';
    double d = 1.23;
    float f = 1.23F;      // 数字后的 F 表示是一个单精度数


    printf("a、b 的值分别是：%i %i\n", a, b);
    printf("a、b 的值分别是：a=%i, b=%i\n", a, b);

    printf("c 的值是：{%i}\n", a);
    printf("d 的值是：{%f}\n", d);      //双精度也用%f，不能用%d（%d 表示十进制整数，与%i 相同）
```

```
    printf("f 的值是: {%f}\n", f);

    printf("a 是否小于 b: {%i}\n", a < b);

    // Hello, world! 的 3 种写法
    printf("Hello, world!\n");
    printf("Hello, %s\n", "world!");
    printf("%s\n", "Hello, world!");
}
```

运行结果如下：

```
a、b 的值分别是：123321
a、b 的值分别是：a=123, b=321
c 的值是：{123}
d 的值是：{1.230000}
f 的值是：{1.230000}
a 是否小于 b：{1}
Hello, world!
Hello, world!
Hello, world!
```

2.5.2 数据输入

使用 scanf()函数实现数据的输入，scanf 中的 f 表示 format，即格式化输入。格式是一个以%开始的字符串，通常是一个字母；常见的输入格式见附录 C。本章已经使用过输入语句，但要注意以下几点：

- scanf 中格式的个数、类型、顺序和含义应该与变量一一对应。
- 所有变量名前应该加上符号"&"。
- 输入时，数据的个数、类型、顺序和含义与 scanf 变量一一对应。
- 输入的数据之间用空格、Tab 或 Enter 键分隔。多个连续的分隔符与一个空格的效果相同。

如图 2-7 所示的语句中有 5 个格式字符串，分别对应于 5 个变量，数据类型、顺序和含义都是一一对应的。

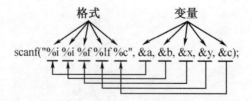

图 2-7   输入格式字符串与变量的关系

  输入时单精度浮点数的格式用%f 表示，双精度浮点数的格式用%lf 表示，多了一个小写字母 l，是 long 的首字母，表示长的浮点数。

【例 2-10】数据输入（参见实训平台【实训 2-10】）。

```
#include <stdio.h>
void main(void){
    int a, b;
    float x;
    double y;
    char c;

    printf("顺序从键盘上输入两个整数、两个实数和一个字符：");
    scanf("%i %i %f %lf %c", &a, &b, &x, &y, &c);   // %f 表示单精度，%lf 表示双精度
    printf("你的输入分别是：\n");

    printf("a={%i}, b={%i}, x={%f}, y={%f}, c={%c}\n", a, b, x, y ,c);
}
/*
用下述数据进行测试（代码正确，接收到的数据可能错误）
    正确的数据：2 3 4.5 6.7 t
    类型错误：2.3 4.5 6.7 8.9 h     // 第一个小数点前是正确的，之后的全乱了
    类型错误：2 3 a 6.7 4.5         // 第 3 个数据开始全乱了
    个数错误：2 3 4.5 6.7 abc d     // 数据太多，丢弃多余的数据
    个数错误：2 3 4.5 6.7           // 数据太少，等待继续输入
*/
```

测试结果（一）：正确的数据。

顺序从键盘上输入两个整数、两个实数和一个字符：2 3 4.5 6.7 t
你的输入分别是：
a={2}, b={3}, x={4.500000}, y={6.700000}, c={t}

测试结果（二）：类型错误的数据。

顺序从键盘上输入两个整数、两个实数和一个字符：2.3 4.5 6.7 8.9 h
你的输入分别是：
a={2}, b={-858993460}, x={-107374176.000000}, y={-9255963134931783100000000000000000000000000
00000000000000000000000.000000}, c={蘲

测试结果（三）：类型错误的数据。

顺序从键盘上输入两个整数、两个实数和一个字符：2 3 a 6.7 4.5
你的输入分别是：
a={2}, b={3}, x={-107374176.000000}, y={-9255963134931783100000000000000000000000000000000000000
00000000000.000000}, c={蘲

测试结果（四）：个数错误的数据，多余的数据被丢弃。

顺序从键盘上输入两个整数、两个实数和一个字符：2 3 4.5 6.7 abc d
你的输入分别是：
a={2}, b={3}, x={4.500000}, y={6.700000}, c={a}

2.5.3 数据格式控制

下面以例子加以说明

【例 2-11】数据格式控制（参见实训平台【实训 2-11】）。

（1）数制。

```
#include <stdio.h>
void main(void){
```

```
    int a;

    printf("输入一个十六进制整数：");
    scanf("%x", &a);
    printf("转换为十进制是 {%d}\n", a);
    printf("转换为八进制是 {%o}\n\n", a);

    printf("输入一个十进制整数：");
    scanf("%d", &a);
    printf("转换为十六进制是 {%x}\n", a);
    printf("转换为八进制是 {%o}\n\n", a);

    printf("输入一个八进制整数：");
    scanf("%o", &a);
    printf("转换为十进制是 {%d}\n", a);
    printf("转换为十六进制是 {%x}\n\n", a);
}
```

运行结果如下：

```
输入一个十六进制整数：1f
转换为十进制是 {31}
转换为八进制是 {37}

输入一个十进制整数：31
转换为十六进制是 {1f}
转换为八进制是 {37}

输入一个八进制整数：37
转换为十进制是 {31}
转换为十六进制是 {1f}
```

（2）域宽和小数位数。

```
#include <stdio.h>
#include <iomanip.h>        // 设置域宽需要这一行
void main(void){
    char name1[] = "笔记本电脑";
    char name2[] = "鼠标";
    int quantity1 = 1;
    int quantity2 = 2;
    float price1 = 3890;
    float price2 = 98;

    printf("%12s%12s%12s%12s\n", "品名", "数量", "单价", "金额");
    printf("%12s%12i%12.2f%12.2f\n", name1, quantity1, price1, quantity1*price1);
    printf("%12s%12i%12.2f%12.2f\n", name2, quantity2, price2, quantity2*price2);
    printf("%12s%24s%12.2f\n", "合计", "", quantity1*price1+quantity2*price2);
}
```

运行结果如下（要求格式严格对齐）：

品名	数量	单价	金额
笔记本电脑	1	3890.00	3890.00
鼠标	2	98.00	196.00
合计			4086.00

2.6 综合实训

以下综合实训需要 Jitor 校验器实时批改：

（1）【Jitor 平台实训 2-12】编写一个程序，输入圆环的外半径和内半径（整数），输出圆环的面积（10 位小数）。不考虑错误的数据（例如内半径大于外半径时）导致错误结果的情况。

（2）【Jitor 平台实训 2-13】编写一个程序，输入华氏温度（单精度数），输出摄氏温度（单精度数）。

（3）【Jitor 平台实训 2-14】编写一个程序，输入一个小写字母（字符），输出相应的大写字母。不考虑错误的数据（例如非字母字符）导致错误结果的情况。

（4）【Jitor 平台实训 2-15】编写一个程序，输入一个三位的整数（如 369），反向输出这 3 个数字（如 963）。

第 3 章 程序结构和流程控制

本章所有实训可以在 Jitor 校验器的指导下完成。

3.1 基本结构和语句

3.1.1 程序的 3 种基本结构

程序的 3 种基本结构是顺序结构、分支结构和循环结构（图 3-1），这 3 种结构构成了 C 语言的流程控制。

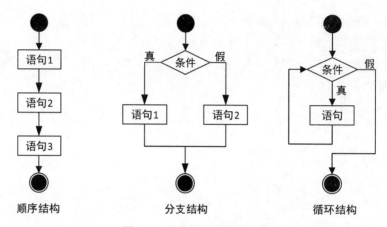

图 3-1 程序的 3 种基本结构

（1）顺序结构。严格按语句的先后顺序，从上到下按顺序执行每一条语句。

（2）分支结构。满足条件（为真，即非 0）时执行一段语句；不满足条件（为假，即 0）时不执行任何语句或执行另一段语句。

（3）循环结构。满足条件（为真，即非 0）时，循环执行一段代码（称为循环体）；不满足条件（为假，即 0）时结束循环。

3.1.2 C 程序的指令和语句

C 程序的代码由指令和语句组成，这些指令和语句可以分为几类，见表 3-1。

表 3-1 指令和语句的分类和例子

代码分类	语句分类	例子	说明
预处理指令		#include <stdio.h>	结尾不加分号

定义语句	函数定义语句	int add(int x, int y) {
		    …
		}
			第 5 章讲解

续表

代码分类	语句分类	例子	说明
	变量定义语句	int a=2, b, c;	第 2 章讲解
执行语句	赋值和表达式语句	b = a + 3;	第 2 章讲解
	函数调用语句	c = add(a, b);	第 5 章讲解
	控制语句（分支、循环）	两种分支，三种循环	本章讲解
	空语句	;	只有一个分号，是语句的结尾

语句块		{
		　　int a;
		　　a = 3;
		}
			用花括号括起来的零行或多行语句。语句块本身不要加分号，但其中的语句结尾必须加分号

3.2 分支语句

3.2.1 if 语句

if 语句流程分析

1. if 语句的 3 种基本形式

if 语句是最基本的分支语句，可以构成多种形式，见表 3-2。

表 3-2　if 语句的 3 种基本形式

单选 if 语句	双选 if 语句	多选 if 语句

if(条件表达式){
　　语句
}
	if(条件表达式){
	　　语句 1
	}else{
	　　语句 2
	}
		if(条件表达式 1){
		　　语句 1
		}else if(条件表达式 2){
		　　语句 2
		　　⋮
		}else if(条件表达式 n){
		　　语句 n
		}else{
		　　语句 n+1
		}

其中的条件表达式是一个关系表达式或逻辑表达式，结果非 0 时为真，0 时为假。

【例 3-1】if 语句的 3 种基本形式（参见实训平台【实训 3-1】）。

（1）单选 if 语句。

```
#include <stdio.h>
void main(void) {
    float temperature;
    printf("输入今天的气温：");
    scanf("%f", &temperature);
```

```
        if (temperature > 30) {
            printf("{打开空调}\n");
        }

        printf("{程序结束}\n");
}
```

（2）双选 if 语句。

```
// 将上述单选 if 语句部分改为双选 if 语句，增加一个 else 的选择
if (temperature > 30) {
    printf("{打开空调}\n");
}else{
    printf("{关闭空调}\n");
}
```

（3）多选 if 语句。

```
// 将上述双选 if 语句部分改为多选 if 语句，再增加一个 else if 的选择
if (temperature > 30) {
    printf("{打开空调（制冷）}\n");
}else if(temperature < 10){
    printf("{打开空调（制热）}\n");
}else{
    printf("{关闭空调}\n");
}
```

2. 理解条件表达式

if 语句中的条件表达式通常是一个关系表达式或逻辑表达式，也可以是一个整数或字符，原则永远是非 0 为真，0 为假。

下面的例子是将一个整数变量作为条件表达式，当变量为真时输出"{条件表达式为真}"；否则输出"{条件表达式为假}"。

【例 3-2】理解条件表达式（参见实训平台【实训 3-2】）。

```
#include <stdio.h>
void main(void) {
    int a;
    printf("Input an integer: ");
    scanf("%i", &a);

    if(a){
        printf("{条件表达式为真}\n");
    }else{
        printf("{条件表达式为假}\n");
    }

    printf("{程序结束}\n");
}
```

在 C 和 C++中，无论是整型、字符型还是其他类型，永远是"非 0 为真，0 为假"。这个原则在其他语言中不一定成立。

3. 巧用 if 语句

有时对同一个问题，可以用不同的 if 语句来实现。例如从两个数中求较大值，可以用双选 if 语句实现，也可以用单选 if 语句实现。

【例 3-3】巧用 if 语句（参见实训平台【实训 3-3】）。

（1）从两个数中求较大值（双选 if 语句）。

```c
#include <stdio.h>
void main(void) {
    int a, b, max;

    printf("Input a,b:");
    scanf("%i %i", &a, &b);

    if (a > b){
        max = a;
    }else{
        max = b;
    }

    printf("max={%i}\n", max);
}
```

（2）从两个数中求较大值（单选 if 语句）。

```c
// 修改上述代码中求较大值的部分，采用单选 if 语句实现
max = a;
if (b > max){
    max = b;
}
```

4. if 语句的应用

使用 if 语句可以实现一些强大的功能，下面是几个例子。

【例 3-4】if 语句的应用（参见实训平台【实训 3-4】）。

（1）求点(x, y)的象限。

```c
#include <stdio.h>
void main(void) {
    float x, y;

    printf("Input x, y: ");
    scanf("%f %f", &x, &y);

    if (x > 0 && y > 0) {
        printf("{第Ⅰ象限}\n");
    }else if (x < 0 && y > 0) {
        printf("{第Ⅱ象限}\n");
```

```
    }else if (x < 0 && y < 0) {
        printf("{第Ⅲ象限}\n");
    }else if (x > 0 && y < 0) {
        printf("{第Ⅳ象限}\n");
    }else {
        printf("{不属任何象限}\n");
    }
}
```

（2）百分制成绩转等级制成绩。

```
#include <stdio.h>
void main(void) {
    float score;
    printf("输入百分制成绩：");
    scanf("%f", &score);

    if (score > 100) {
        printf("{百分制成绩不能大于 100}\n");
    }else if(score >= 90){
        printf("{优秀}\n");
    }else if(score >= 80){
        printf("{良好}\n");
    }else if(score >= 70){
        printf("{中等}\n");
    }else if(score >= 60){
        printf("{及格}\n");
    }else if(score >= 0){
        printf("{不及格}\n");
    }else{
        printf("{成绩不能是负值}\n");
    }
}
```

（3）计算下列分段函数的值：

$$y = \begin{cases} x + 1 & x < 0 \\ x^2 - 5 & 0 \leqslant x < 10 \\ x^3 & x \geqslant 10 \end{cases}$$

```
#include <stdio.h>
void main(void){
    float x,y;
    printf("Input x:");
    scanf("%f", &x);

    if (x<0){
        y = x + 1;
    }else if (x<10){
        y = x*x - 5;
```

```
    }else{
        y = x*x*x;
    }
    printf("y = {%f}\n", y);
}
```

3.2.2　if 语句的嵌套

if 语句可以嵌套，即当条件为真或假时的语句块中还存在独立的条件语句。此时外层 if 语句嵌套了内层 if 语句。

```
if(条件表达式 1){    // 外层 if 语句
    if(条件表达式){    // 内层 if 语句（单选、双选或多选）
        语句 1
    }else{
        语句 2
    }    // 内层 if 语句结束
}else{    // 外层 if 语句的 else
    if(条件表达式){    // 内层 if 语句（单选、双选或多选）
        语句 1
    }else{
        语句 2
    }    // 内层 if 语句结束
}    // 外层 if 语句结束
```

使用嵌套 if 语句时要特别注意代码的缩进，使代码在任何时候都是清晰可读的。

有些问题可以采用多种方法来解决，例如下述单选 if 语句和嵌套 if 语句的运行结果是相同的。

单选 if 语句	嵌套 if 语句

`void main(void) {`
`    int score1, score2;`
`    printf("输入两门课的成绩：");`
`    scanf("%i %i", &score1, &score2);`
`    if(score1>=60 && score2>=60){`
 	
`        printf("{两门课程都及格}\n");`
 	
`    }`
`}`
	`void main(void) {`
	`    int score1, score2;`
	`    printf("输入两门课的成绩：");`
	`    scanf("%i %i", &score1, &score2);`
	`    if(score1>=60){`
	`        if(score2>=60){`
	`            printf("{两门课程都及格}\n");`
	`        }`
	`    }`
	`}`

又如下述多选 if 语句和嵌套 if 语句的运行结果是相同的。

多选 if 语句	嵌套 if 语句

`void main(void) {`
`    int score;`
`    printf("输入一门课的成绩：");`
`    scanf("%i", &score);`
 	
`    if(score>=80){`
	`void main(void) {`
	`    int score;`
	`    printf("输入一门课的成绩：");`
	`    scanf("%i", &score);`
	`    if(score>=80){`
	`        printf("{成绩很棒}\n");`

```
        printf("{成绩很棒}\n");
    }else if(score>=60){
        printf("{成绩及格}\n");
    }else{
        printf("{不及格}\n");
    }
}
```

```
    }else{
        if(score>=60){
            printf("{成绩及格}\n");
        }else{
            printf("{不及格}\n");
        }
    }
}
```

【例 3-5】if 语句的嵌套（参见实训平台【实训 3-5】）。

一般在嵌套时，一个 if 语句是一个逻辑，另一个 if 语句应该是另一个逻辑。例如下面的例子中有两个逻辑：一是天气的气温；二是房间里是否有空调，这非常适合使用嵌套 if 语句。

```
#include <stdio.h>
void main(void){
    float temperature;
    char hasAC;
    printf("今天的气温和是否有空调（y/n）: ");
    scanf("%f %c", &temperature, &hasAC);      // %f %c，两个值之间用空格分隔

    if (hasAC == 'y' || hasAC == 'Y') {
        printf("{有空调}\n");
        if (temperature > 30) {
            printf("{打开空调（制冷）}\n");
        } else if (temperature < 10) {
            printf("{打开空调（制热）}\n");
        } else {
            printf("{关闭空调}\n");
        }
    } else if (hasAC == 'n' || hasAC == 'N') {
        printf("{没有空调呀}\n");
        if (temperature > 30) {
            printf("{拿起扇子}\n");
        } else if (temperature < 10) {
            printf("{多穿衣服}\n");
        } else {
            printf("{什么也不要做}\n");
        }
    } else {
        printf("{选择不正确，只能选择大写或小写的 y 或 n}\n");
    }
}
```

因此，我们要根据问题的复杂程度在单选、双选、多选和嵌套 if 语句中选择最适合的一种来编写代码。

3.2.3　条件运算符和条件表达式

经常遇到下述情况：一个变量根据条件表达式为真或为假取不同的值。

```
int a;
if(条件为真)
    a = 表达式 1;
else
    a = 表达式 2;
```

此时可以用一种特别的三元运算符（?:）来为这个变量赋值。

```
变量 = 条件为真 ? 表达式 1 : 表达式 2;
```

当条件或表达式比较长时，写成以下格式会更加清晰，可读性更好：

```
变量 =  (条件为真)
     ? 表达式 1
     : 表达式 1;
```

【例 3-6】条件表达式（参见实训平台【实训 3-6】）。

（1）计算两个数中的较大者。

```
#include <stdio.h>
void main(void) {
    int a, b, max, min;

    printf("Input a,b:");
    scanf("%i %i", &a, &b);
    max = a>b ? a : b;   // 注意 ? : 的前后各空一个空格，可以提高可读性
    printf("max={%i}\n", max);
}
```

（2）计算两个数中的较小者。

```
    min = a<b ? a : b;   // 而不要用 min = a>b ? b : a;，虽然结果正确，但不容易理解
```

（3）计算 3 个数中的最大者。

```
    max = a>b ? a : b;         // 先求两个数中的较大者
    max = max>c ? max : c;     // 再与第三个数比较
```

（4）将【例 3-1】中的双选 if 条件改为条件运算符实现。

```
#include <stdio.h>
void main(void) {
    float temperature;
    printf("输入今天的气温： ");
    scanf("%f", &temperature);
    //【例 3-1】中采用双选 if 条件实现
    printf((temperature > 30?"{打开空调}\n":"{关闭空调}\n"));
    printf("{程序结束}\n");
}
```

（5）将【例 3-1】中的单选 if 条件改为条件运算符实现。

```
//【例 3-1】中采用单选 if 条件实现
printf((temperature>30 ? "{打开空调}\n":""));       // ""是空字符串
```

条件运算符是唯一的一种三元运算符，是一种特别的双选 if 语句的简化表达方式，有助

于编写清晰简洁的代码，提高可读性。

3.2.4 switch 语句

另一种分支语句是 switch 语句，它是一种多选的分支语句。语法格式如下：

```
switch (表达式){
case 值 1:
    代码 1;
    break;
case 值 2:
    代码 2;
    break;
    ⋮
case 值 n:
    代码 n;
    break;
default:
    代码 n+1;
}
```

注意以下几点：

- switch 中的表达式只能是字符、短整型和整型等类型的变量或表达式。
- 每个 case 中的代码可以由多行代码组成，而不需要加上花括号。
- 通常情况下，每个 case 都应该用 break 中断，以防止继续执行下一个 case，除非需要继续执行下一个 case。

1. switch 语句的基本形式

【例 3-7】switch 语句的基本形式（参见实训平台【实训 3-7】）。

用一个将数字转换为星期名称的例子来加以说明。

```
#include <stdio.h>
void main(void) {
    int a;
    printf("Input an integer (0-6): ");
    scanf("%i", &a);

    switch (a){
    case 0:
        printf("Sunday\n");
        break;
    case 1:
        printf("Monday\n");
        break;
    case 2:
        printf("Tuesday\n");
        break;
    case 3:
        printf("Wednesday\n");
        break;
```

```
case 4:
        printf("Thursday\n");
        break;
case 5:
        printf("Friday\n");
        break;
case 6:
        printf("Saturday\n");
        break;
default:
        printf("Input data error.\n");
    }
}
```

2. switch 语句的应用

【例 3-8】switch 语句的应用（参见实训平台【实训 3-8】）。

（1）将百分制成绩转换为中文的等级制成绩（暂不考虑 100 分）。

```
#include <stdio.h>
void main(void) {
    int score;
    printf("输入百分制成绩（0～99）: ");
    scanf("%i", &score);

    switch(score/10){
    case 9:
        printf("{优秀}\n");
        break;
    case 8:
        printf("{良好}\n");
        break;
    case 7:
        printf("{中等}\n");
        break;
    case 6:
        printf("{及格}\n");
        break;
    case 5:
    case 4:
    case 3:
    case 2:
    case 1:
    case 0:
        printf("{不及格}\n");
        break;
    default:
        printf("{输入错误}\n");
    }
}
```

（2）将 ABCDF 表示的等级制成绩转换为中文表示的等级制成绩。

```c
#include <stdio.h>
void main(void) {
    char grade;
    printf("输入等级成绩（ABCDF）: ");
    scanf("%c", &grade);

    switch(grade){
    case 'A':
    case 'a':
        printf("{优秀}\n");
        break;
    case 'B':
    case 'b':
        printf("{良好}\n");
        break;
    case 'C':
    case 'c':
        printf("{中等}\n");
        break;
    case 'D':
    case 'd':
        printf("{及格}\n");
        break;
    case 'F':
    case 'f':
        printf("{不及格}\n");
        break;
    default:
        printf("{输入错误}\n");
    }
}
```

（3）用 switch 语句编写菜单。

```c
#include <stdio.h>
void main(void) {
    printf("{I. 输入数据}\n");
    printf("{C. 进行计算}\n");
    printf("{O. 输出数据}\n");

    char choice;
    printf("选择菜单功能: ");
    scanf("%c", &choice);

    switch(choice){
    case 'I':
    case 'i':
```

```
            printf("{你选择了 I. 输入数据}\n");
            break;
    case 'C':
    case 'c':
            printf("{你选择了 C. 进行计算}\n");
            break;
    case 'O':
    case 'o':
            printf("{你选择了 O. 输出数据}\n");
            break;
    default:
            printf("{选择错误，只能选择字母 i、c、o}\n");
    }

    printf("{程序结束}\n");
}
```

3. switch 语句与 if 语句比较

switch 语句能实现的功能，if 语句也能够实现，但多数 if 语句能实现的功能，switch 语句却不一定能够实现，见表 3-3。

表 3-3　switch 语句与 if 语句的比较

可改写为 switch 语句	不可改写为 switch 语句	不可改写为 switch 语句
if(a==1){ 　//...	if(a<0){ 　//...	if(a>0 && b<0){ 　//...
}else if(a==2){ 　//...	}else if(a<10){ 　//...	}else if(a>20 && b<-100){ 　//...
}else if(a==3){ 　//...	}else if(a<100){ 　//...	}else{ 　//...
}else if(a==4){ 　//...	}else if(a<999){ 　//...	}

}else{
　//...
}
	}else{
	　//...
	}	

switch 语句的优势是使程序简洁清晰、可读性好，因此，只要能够用 switch 语句实现的，就应该用 switch 语句来编写。

3.2.5　实例详解（一）：求给定年份和月份的天数

对同一个问题，可以用不同的思路、不同的代码来实现，代码的质量主要取决于运行效率和可读性。

例如，下面是一个求给定年份和月份的天数的程序，可以采用以下 3 种方法来实现：

● 多条单选 if 语句的实现。

- 多选 if 语句的实现。
- switch 语句的实现。

【例 3-9】实例详解（一）：求给定年份和月份的天数（参见实训平台【实训 3-9】）。

（1）多条 if 语句的实现。

```
#include <stdio.h>
void main(void) {
    int year, month, day;
    printf("输入年份和月份：");
    scanf("%i %i", &year, &month);

    if(month==1){
        day = 31;
    }
    if(month==2){
        if(year%400==0 || (year%4==0 && year%100!=0)){
            day = 29;   // 闰年
        }else{
            day = 28;   // 普通年份
        }
    }
    if(month==3){
        day = 31;
    }
    if(month==4){
        day = 30;
    }
    if(month==5){
        day = 31;
    }
    if(month==6){
        day = 30;
    }
    if(month==7){
        day = 31;
    }
    if(month==8){
        day = 31;
    }
    if(month==9){
        day = 30;
    }
    if(month==10){
        day = 31;
    }
    if(month==11){
        day = 30;
```

```
    }
    if(month==12){
        day = 31;
    }
    printf("该年份的这个月的天数是  {%i}\n", day);
}
```

（2）多选 if 语句的实现（判断部分的代码）。

```
if(month==1 || month==3 || month==5 || month==7 || month==8 || month==10 || month==12){
    day = 31;
}else if(month==4 || month==6 || month==9 || month==11){
    day = 30;
}else if(month==2){
    if(year%400==0 || (year%4==0 && year%100!=0)){
        day = 29;   // 闰年
    }else{
        day = 28;   // 普通年份
    }
}else{
    printf("error\n");
    day = 0;
}
```

（3）switch 语句的实现（判断部分的代码）。

```
switch(month){
case 1:
case 3:
case 5:
case 7:
case 8:
case 10:
case 12:
    day = 31;
    break;
case 4:
case 6:
case 9:
case 11:
    day = 30;
    break;
case 2:
    if(year%400==0 || (year%4==0 && year%100!=0)){
        day = 29;   // 闰年
    }else{
        day = 28;   // 普通年份
    }
    break;
default:
```

```
        day = 0;
        printf("error\n");
    }
```

对同一个问题，可能会有多种解决方法，应该采用清晰简洁的解决方案。

3.2.6　代码命名和排版规范

代码的编写除了必须实现功能外，还要求代码编写规范、逻辑清晰、可读性好，从而得到维护性好的程序，因此不同的公司会有不同的编码规范。

本书附录 E 是一些常见的代码规范，其中主要部分如下：

● 变量的命名应该用英文单词，VC60 中批量修改时可以用全文替换 Ctrl + H。

● 代码要有正确的缩进，一个缩进是一个水平制表符（Tab）或 4 个空格。VC60 中可以用 Alt + F8 快捷键实现自动代码缩进排版，可以针对整个文件或选中的部分进行代码缩进排版。

● 代码要有适当的注释，要让其他程序员或你自己以后看得懂。

下面是一段比较规范的代码，容易阅读和理解。

```c
#include <stdio.h>
void main(void) {
    // 菜单
    printf("{1. 计算月份的日数}\n");
    printf("{2. 判断空调的开和关}\n");

    char choice;
    printf("选择菜单功能：");
    scanf("%c", &choice);

    // 实现用户选择的功能
    switch (choice) {
    case '1':
        // 计算月份的日数
        int year, month, day;
        printf("输入年份和月份：");
        scanf("%i %i", &year, &month);
        switch (month) {
        case 1:
        case 3:
        case 5:
        case 7:
        case 8:
        case 10:
        case 12:
            day = 31;
            break;
        case 4:
        case 6:
```

```
            case 9:
            case 11:
                day = 30;
                break;
            case 2:
                if (year % 400 == 0 || (year % 4 == 0 && year % 100 != 0)) {
                    day = 29;   // 闰年
                } else {
                    day = 28;   // 普通年份
                }
                break;
            default:
                day = 0;
                printf("月份错误\n");
            }
            printf("该月天数是  {%i}\n", day);
            break;
        case '2':
            // 判断空调的开和关
            float temperature;
            printf("输入温度：");
            scanf("%f", &temperature);
            if (temperature > 30) {
                printf("{打开空调（制冷）}\n");
            } else if (temperature < 10) {
                printf("{打开空调（制热）}\n");
            } else {
                printf("{关闭空调}\n");
            }
            break;
        default:
            printf("{选择错误}\n");
        }

        printf("{程序结束}\n");
}
```

　　从代码缩进中很容易理解代码之间的嵌套关系及程序的逻辑，代码有较好的可读性。当学习到第 5 章时对这段代码还可以有更好的优化办法（见 5.1.4 节）。

3.3 循环语句

3.3.1 while 循环语句

while 循环语句的语法结构如下：

```
while(结束条件表达式){
```

```
    循环体;
}
```

while 循环语句的执行流程是首先计算结束条件表达式的值，若表达式的值为真（或非 0），则执行循环体语句；为假（或 0），则结束循环。

【例 3-10】while 循环——计算 1～n 的整数和（参见实训平台【实训 3-10】）。

```
#include <stdio.h>
void main(void) {
    int i, n, sum;
    printf("Input the value of n: ");
    scanf("%i", &n);

    sum = 0;
    i = 1;
    while (i <= n) {
        sum += i;
        printf("i=%i, sum=%i\n", i, sum);
        i++;
    }
    printf("sum = {%i}\n", sum);
}
```

while 循环是一种当型循环，满足条件（为真）时执行循环体，直到条件为假，可能执行 0 到多次循环体。当型循环是先判断后执行，所以可能一次循环都不执行。

在循环语句中不能出现无限循环的状态（称为死循环），一定要在多次循环后达到某种条件使结束条件表达式的值为假，从而结束循环。

3.3.2　do…while 循环语句

do…while 循环语句的语法结构如下：

```
do{
    循环体;
} while(结束条件表达式);
```

While 和 Do…while 循环的比较

do…while 循环语句的执行流程是首先执行一次循环体语句，然后计算结束条件表达式的值，若表达式的值为真（或非 0），则再次执行循环体语句；为假（或 0），则结束循环。

【例 3-11】do…while 循环——计算 1～n 的整数和（参见实训平台【实训 3-11】）。

```
#include <stdio.h>
void main(void) {
    int i, n, sum;
    printf("Input the value of n: ");
    scanf("%i", &n);

    sum = 0;
    i = 1;
    do {
```

```
        sum += i;
        printf("i=%i, sum=%i\n", i, sum);
        i++;
    } while (i <= n);
    printf("sum = {%i}\n", sum);
}
```

do…while 循环是一种直到型循环，先执行一次循环体，直到不满足条件（为假）时结束循环，可能执行一到多次循环体。直到型循环是先执行后判断，所以至少执行一次循环体。

while 循环和 do…while 循环在语法上有些许差别，在实现功能上也有些许差别。运行上述两个程序，如果输入的 n 值是正数，则输出的结果是相同的；如果输入的 n 值是负数，则结果就不同了，while 循环的结果是 0，而 do…while 循环的结果是 1。也就是说，do…while 循环的循环体至少会执行一次，见表 3-4。

表 3-4　while 循环和 do…while 循环的区别

while 循环	do…while 循环
循环体可能执行 0 到多次，可能一次都不执行	循环体可能执行一到多次，至少执行一次

3.3.3　程序调试：循环的跟踪调试

程序跟踪调试是一个非常有用的技术，能够很好地帮助我们理解程序执行的细节，有以下两种基本的跟踪调试方法：

● 单步跟踪：设置一个断点，进入调试后按 F10 键单步执行每一行语句。
● 断点跟踪：在需要的位置设置多个断点，或在循环体内设置断点，按 F5 键将执行到下一个断点处。

【例 3-12】程序调试：循环的跟踪调试（参见实训平台【实训 3-12】）。

在 Jitor 校验器中按照提供的操作要求，参考图 3-2 和图 3-3（两者的区别是图 3-2 的断点设置在循环外，图 3-3 的断点设置在循环内）分别对前述的 while 循环和 do…while 循环进行调试，在调试中理解两种循环的区别。

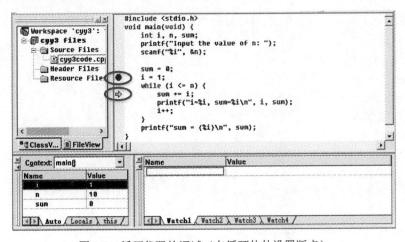

图 3-2　循环代码的调试（在循环体外设置断点）

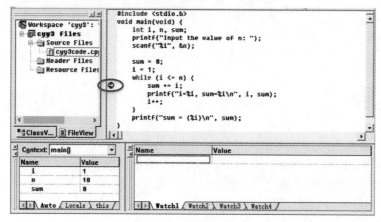

图 3-3　循环代码的调试（在循环体内设置断点）

3.3.4　for 循环语句

还有一种常见的循环语句是 for 循环。语法格式如下：

```
for (起始表达式; 结束条件表达式; 循环增量表达式)
{
    循环体;
}
```

for 循环的执行流程如下：

（1）执行起始表达式。

（2）计算结束表达式的值，若表达式的值为真（或非 0），则执行循环体语句；为假（或 0），则结束循环。

（3）执行循环体。

（4）执行循环增量表达式。

　在 while 循环和 do…while 循环中也有起始表达式和循环增量表达式部分，起始表达式位于 while 循环和 do…while 循环之前，循环增量表达式位于循环体中。

【例 3-13】for 循环——计算 1～n 的整数和（参见实训平台【实训 3-13】）。

```c
#include <stdio.h>
void main(void) {
    int i, n, sum;
    printf("Input the value of n: ");
    scanf("%i", &n);
    sum = 0;
    for (i = 1; i <= n; i++) {
        sum += i;
        printf("i=%i, sum=%i\n", i, sum);
    }
    printf("sum = {%i}\n", sum);
}
```

C 语言一共有 3 种循环语句，它们之间的区别和相同之处如下：

● for 循环与 while 循环可以相互替代，但在不同情况下的可读性不同，应该根据具体的情况选择使用。

● do…while 循环至少执行一次循环体，通常在特殊情况下使用。

3.3.5 循环语句的几种变化

1. for 语句的变化

对于 for 语句语法格式中的各个部分，每个部分都能省略（两个分号不能省略），但是在其他部分要做适当的修改。

```
for (起始表达式; 结束条件表达式; 循环增量表达式)
{
    循环体;
}
```

下面的例子分别演示了 for 语句常见的两种变化。

【例 3-14】for 语句常见的两种变化（参见实训平台【实训 3-14】）。

（1）省略起始表达式：将其写在 for 语句之前。

```
#include <stdio.h>
void main(void) {
    int i, n, sum;
    printf("Input the value of n: ");
    scanf("%i", &n);


    sum = 0;
    i = 1;    // 原来的起始表达式
    for (; i <= n; i++) {
        sum += i;
    }
    printf("sum = {%i}\n", sum);
}
```

（2）省略 for 的 3 个部分：将这 3 个部分分别写在 for 语句之前或循环体中。

```
    sum = 0;
    i=1;              // 起始条件
    for(;;){          // for 语句的 3 个部分为空，相当于是死循环
        if(i>n){      // 结束条件表达式
            break;    // break 语句将在 3.4 节中讲解
        }
        sum += i;     // 循环体
        i++;          // 循环增量表达式
    }
```

for 循环语句可以有多种变化，对起始条件、结束条件、循环增量和循环体可以有不同的处理，而达到相同的效果。

2. while 语句的变化

与 for 循环相似，while 循环和 do...while 循环也可以用一个"真"值（如数字 1）作为结束条件表达式，而将真正的结束条件判断放在循环体中。

【例 3-15】while 语句的变化（参见实训平台【实训 3-15】）。

```c
#include <stdio.h>
void main(void) {
    int i, n, sum;
    printf("Input the value of n: ");
    scanf("%i", &n);

    sum = 0;
    i=1;        // 起始条件
    while(1){   // 条件永远为真，相当于是死循环
        if(i>n){    // 结束条件表达式
            break;
        }
        sum += i;   // 循环体
        i++;        // 循环增量表达式
    }
    printf("sum = {%i}\n", sum);
}
```

3.3.6 循环语句的嵌套

在循环的循环体中存在另一个独立的循环，称为循环的嵌套。下面用一个例子来说明嵌套循环的使用方法。

【例 3-16】循环语句的嵌套——输出乘法表（参见实训平台【实训 3-16】）。

在这个例子中，我们采用分阶段实施的方法编写一个程序，最终输出一个完整的乘法表。

（1）循环输出数字 1～9，以 Tab 分隔。

```c
#include <stdio.h>
void main(void) {
    for (int i = 1; i < 10; i++) {
        printf("%i\t", i);     // 输出 1～9
    }
    printf("\n");
}
```

（2）循环输出 9 行数字 1～9。

```c
// 在前一步的基础上增加一层循环
for (int i = 1; i < 10; i++) {          // 外层循环使用循环变量 i
    for (int j = 1; j < 10; j++) {      // 内层循环使用循环变量 j
        printf("%i\t", j);              // 改为输出内层循环变量
    }
    printf("\n");
}
```

（3）显示乘法的积。

```
// 在前一步的基础上做个小修改，就是简单的乘法表
for(int i=1; i<10; i++){
    for(int j=1; j<10; j++){
        printf("%i\t", i * j);    // 改为输出 i*j（乘法的积）
    }
    printf("\n");
}
```

（4）加上乘数和被乘数。

```
// 完善乘法表
for(int i=1; i<10; i++){
    for(int j=1; j<10; j++){
        printf("%ix%i=%i\t", i, j, i * j);    // 加上 2×2= 这样的符号
    }
    printf("\n");
}
```

使用嵌套循环时要注意以下几点：

- 不同层的循环要用不同的循环变量，通常顺序使用 i、j、k。
- 不同层的循环变量要保持独立，例如不能在内层循环修改外层循环变量的值。
- 可以有多层嵌套循环（3 层或更多层），但不宜超过 4 层。
- 每增加一层循环，要增加一层代码缩进。

3.3.7 实例详解（二）：求 π 的近似值

采用级数法求 π 的近似值，公式如下：

$\pi = (4/1) - (4/3) + (4/5) - (4/7) + (4/9) - (4/11) + (4/13) - (4/15) ...$

【例 3-17】实例详解（二）：求 π 的近似值（参见实训平台【实训 3-17】）。

这个例子采用级数法求前 n 项的 π 的近似值，对这个问题，可以采用 while 循环、do...while 循环或 for 循环来写。

while 循环	do...while 循环	for 循环
```void main(void) { int count; printf("输入级数项数："); scanf("%i", &count); double pi = 0; double item; int flag = 1; int i=1; while(i<count){ item = flag * 4.0 / i; pi += item; i += 2; flag *= -1; // 负负得正 }```	```void main(void) { int count; printf("输入级数项数："); scanf("%i", &count); double pi = 0; double item; int flag = 1; int i=1; do{ item = flag * 4.0 / i; pi += item; i += 2; flag *= -1; // 负负得正 }while(i<count);```	```void main(void) { int count; printf("输入级数项数："); scanf("%i", &count); double pi = 0; double item; int flag = 1; for (int i=1; i<count; i += 2) { item = flag * 4.0 / i; pi += item; flag *= -1; // 负负得正 }```

```
printf("pi = {%f}\n", pi);          printf("pi = {%f}\n", pi);          printf("pi = {%f}\n", pi);
printf("{程序结束}\n");             printf("{程序结束}\n");             printf("{程序结束}\n");
}                                    }                                    }
```

3.3.8 实例详解（三）：斐波那契数列

斐波那契数列的第 1、2 项是 1，从第 3 项开始都是前两项的和，例如 1, 1, 2, 3, 5, 8, 13, 21, 34, 55, ...

【例 3-18】实例详解（三）：斐波那契数列（参见实训平台【实训 3-18】）。

对于这个例子，同样可以采用 while 循环、do...while 循环或 for 循环来写。

while 循环	do...while 循环	for 循环

```
void main(void) {             void main(void) {             void main(void) {
    int line = 5;                 int line = 5;                 int line = 5;
    printf("输入打印的行数：");   printf("输入打印的行数：");   printf("输入打印的行数：");
    scanf("%i", &line);          scanf("%i", &line);          scanf("%i", &line);

    int f1 = 1;                  int f1 = 1;                  int f1 = 1;
    int f2 = 1;                  int f2 = 1;                  int f2 = 1;
    int i=0;                     int i=0;
    while(i<line*2) {            do {                         for (int i=0; i<line*2; i++) {
        printf("{%i}\t", f1);        printf("{%i}\t", f1);        printf("{%i}\t", f1);
        printf("{%i}\t", f2);        printf("{%i}\t", f2);        printf("{%i}\t", f2);
        f1 = f1 + f2;  // 前两数和  f1 = f1 + f2;  // 前两数和  f1 = f1 + f2;  // 前两数和
        f2 = f2 + f1;  // 前两数和  f2 = f2 + f1;  // 前两数和  f2 = f2 + f1;  // 前两数和
        if (i % 2 == 1) {            if (i % 2 == 1) {
            printf("\n");                printf("\n");            if (i % 2 == 1) {
        }                            }                                printf("\n");
        i++;                         i++;                         }
    }                            }while(i<line*2);            }
    printf("\n{程序结束}\n");    printf("\n{程序结束}\n");    printf("\n{程序结束}\n");
}                            }                            }
```

3.4 控制语句

3.4.1 break 语句

break 语句是一种流程控制语句，用于中断流程。

● 在 switch 语句中，中断（跳出）条件判断。
● 在循环语句（for、while、do...while）中，中断（跳出）循环。

例如下述代码计算从 1 加到 10 万，但是当累加和大等于 1 万时，中断循环，从而得到要求的结果：从 1 加到多少个连续整数时，累加和刚好等于或超过 1 万。

```
void main(void) {
    int sum = 0;
    for(int i=1; i<100000; i++){
```

```
            sum += i;
            if(sum>=10000){
                break;
            }
        }
    printf("从 1 加到 {%i} 时，累加和刚好超过 1 万\n", i);
}
```

【例 3-19】break 语句（参见实训平台【实训 3-19】）。

下面以一个输出三角形的乘法表的例子加以说明。

（1）输出一个完整的乘法表（后面的代码在这个基础上改为三角形乘法表）。

```
#include <stdio.h>
void main(void) {
    for(int i=1; i<10; i++){
        for(int j=1; j<10; j++){
            printf("%ix%i=%i\t", i, j, i*j);
        }
        printf("\n");
    }
}
```

（2）输出三角形的乘法表（方法一）。

```
    for(int i=1; i<10; i++){
        for(int j=1; j<=i; j++){ // 内层循环的结束条件依赖于外层循环的循环变量
            printf("%ix%i=%i\t", i, j, i*j);
        }
        printf("\n");
    }
```

（3）输出三角形的乘法表（方法二，结果相同）。

```
    for(int i=1; i<10; i++){
        for(int j=1; j<10; j++){
            printf("%ix%i=%i\t", i, j, i*j);
            if(j>=i){ // 如果内层循环超出了 i 的值，中断循环
                break;
            }
        }
    printf("\n");
    }
```

（4）输出三角形的乘法表（方法三，结果相同）。

```
    for(int i=1; i<10; i++){
        for(int j=1; j<10; j++){
            if(j>i){ // 把条件判断放在输出语句之前，将条件大等于（>=）改为大于（>）
                break;
            }
            printf("%ix%i=%i\t", i, j, i*j);
        }
    printf("\n");
    }
```

3.4.2　continue 语句

continue 语句也是一种流程控制语句，它的作用与 break 语句正好相反，强制流程再次进行（不中断循环）。

continue 语句只用于循环语句（for、while、do…while）中。

例如，下述代码是输出三角形的乘法表的第四种方法，结果与使用 break 语句的效果相同。

```
void main(void) {
    for(int i=1; i<10; i++){
        for(int j=1; j<10; j++){
            if(j>i){
                continue;        // 与前述的第三种方法相似，但效率低一些，因为不中断循环
            }
            printf("%ix%i=%i\t", i, j, i*j);
        }
        printf("\n");
    }
}
```

【例 3-20】continue 语句（参见实训平台【实训 3-20】）。

下面以计算不能被 3 整除的整数的累加和的例子加以说明。

（1）计算不能被 3 整除的整数的累加和。

```
#include <stdio.h>
void main(void) {
    int n;
    printf("Input value of n: ");
    scanf("%i", &n);

    int sum=0;
    for(int i=1; i<=n; i++){
        if(i%3!=0){
            sum += i;
        }
    }
    printf("sum = {%i}\n", sum);
}
```

（2）改用 continue 语句实现。

```
    for(int i=1; i<=n; i++){
        if(i%3==0){
            continue;
        }
        sum += i;
    }
```

3.4.3　语句标号和 goto 语句

goto 语句是一种很特殊的语句，需要与语句标号一起使用。

在程序中不应该使用 goto 语句，因为它会大大降低代码的可读性。在这里只需要简单了解一下。

```
void main(void) {
    // 这是除了 while、do...while、for 之外实现循环的手段，但是不建议使用
    int n = 100;
    int sum = 0;
    int i = 1;
a:  sum += i;        // a 是一个标号，后跟一个冒号作为标号的标识
    i++;
    if(i<=n){
        goto a;      // 跳转到标号 a，相当于进行下一次循环
    }
    printf("The sum ={%i}\n", sum);
}
```

3.4.4 exit()和 abort()函数

exit()和 abort()函数都可中断程序的执行，但前者是正常退出，后者是异常中断。使用 exit()和 abort()函数时需要包含#include <stdlib.h>头文件，否则提示如下错误信息：

```
error C2065: 'exit' : undeclared identifier
```

【例 3-21】exit()和 abort()函数（参见实训平台【实训 3-21】）。

（1）exit()的例子（正常退出）。

```
#include <stdio.h>
#include <stdlib.h>    // 调用 exit 需要加上这一行
void main(void) {
    printf("{第 1 行}\n");
    printf("{第 2 行}\n");
    exit(0);    // 强制退出程序的执行（正常退出）
    printf("{第 3 行}\n");
    printf("{第 4 行}\n");
    printf("{第 5 行}\n");
}
```

（2）abort()的例子（异常中断）。

```
#include <stdio.h>
#include <stdlib.h>    // 调用 abort 需要加上这一行
void main(void) {
    printf("{第 1 行}\n");
    printf("{第 2 行}\n");
    abort();    // 强制中止程序的执行（异常中断）
    printf("{第 3 行}\n");
    printf("{第 4 行}\n");
    printf("{第 5 行}\n");
}
```

运行到 abort()函数时会弹出一个异常出错的对话框，如图 3-4 所示。

图 3-4 abort()函数弹出的异常出错对话框

3.4.5 实例详解（四）：求自然对数的底 e 的近似值

用级数法可以计算 e 值（自然对数的底），公式如下：

$$e = 1 + 1 + 1/2 + 1/3! + \ldots + 1/n! + \ldots$$

【例 3-22】实例详解（四）：求自然对数的底 e 的近似值（参见实训平台【实训 3-22】）。

这个例子可以采用 while 循环、do...while 循环或 for 循环来编写，要求达到指定的精度时（如 0.0001）循环结束。

while 循环	do...while 循环	for 循环
| ```c
void main(void) {
    double delta;
    printf("输入精度值：");
    scanf("%lf", &delta);
    double e=1;
    double item=1;
    int i=1;
    while(1){
        item = item/i;
        e += item;
        if(item<delta){
            break;    // 循环结束
        }
        i++;
    }
    printf("e = {%f}\n", e);
}
``` | ```c
void main(void) {
    double delta;
    printf("输入精度值：");
    scanf("%lf", &delta);
    double e=1;
    double item=1;
    int i=1;
    do{
        item = item/i;
        e += item;
        if(item<delta){
            break;    // 循环结束
        }
        i++;
    }while(1);
    printf("e = {%f}\n", e);
}
``` | ```c
void main(void) {
    double delta;
    printf("输入精度值：");
    scanf("%lf", &delta);
    double e=1;
    double item=1;
    for(int i=1; ; i++){
        item = item/i;
        e += item;
        if(item<delta){
            break;    // 循环结束
        }
    }
    printf("e = {%f}\n", e);
}
``` |

运行结果如下：

输入精度值：0.0001
e = {2.718279}

3.4.6 实例详解（五）：输出素数表

素数是一个自然数，只能被 1 和自身整除，而不能被其他数整除。编写一个程序，输出素数表。
```

【例 3-23】实例详解（五）：输出素数表（参见实训平台【实训 3-23】）。

本例分为以下 3 步进行：

（1）判断一个数是否是素数。

```c
#include <stdio.h>
#include <math.h>   // 开平方函数 sqrt()要包含这个头文件
void main(void) {
    int number;
    printf("输入一个整数，判断其是否是素数：");
    scanf("%i", &number);

    int isPrime = 1;
    for (int i = 2; i <= sqrt(number); i++) {
        if (number % i == 0) {
            isPrime = 0;
            break;
        }
    }
    printf("这个数{%s}素数\n", (isPrime ? "是" : "不是"));
}
```

（2）列出 n 以内的素数。

```c
void main(void) {
    int n;
    printf("输入一个整数 n，列出 n 以内的素数：");
    scanf("%i", &n);

    for (int number = 2; number < n; number++) {
        int isPrime = 1;
        for (int i = 2; i <= sqrt(number); i++) {
            if (number % i == 0) {
                isPrime = 0;
                break;
            }
        }
        if(isPrime){
            printf("%i\t",number);
        }
    }
    printf("\n");
}
```

（3）修改输出格式，每行输出 8 个素数。

```c
void main(void) {
    int n;
    printf("输入一个整数：");
    scanf("%i", &n);

    int count = 1;     // 用于计数素数的个数
```

```
        for (int number = 2; number < n; number++) {
            int isPrime = 1;
            for (int i = 2; i <= sqrt(number); i++) {
                if (number % i == 0) {
                    isPrime = 0;
                    break;
                }
            }
            if(isPrime){
                printf("%i\t",number);
                if (count % 8 == 0) {
                    printf("\n");        // 每 8 个素数添加一个换行
                }
                count++;
            }
        }
        printf("\n");
}
```

3.4.7　实例详解（六）：百钱买百鸡问题

百钱买百鸡问题：公鸡一只五块钱，母鸡一只三块钱，小鸡三只一块钱，现在要用一百块钱买一百只鸡，问公鸡、母鸡、小鸡各多少只？

解法：设公鸡 x 只，母鸡 y 只，小鸡 z 只，得到以下方程式组：

$$\begin{cases} 5x+3y+z/3 = 100 \\ x+y+z = 100 \end{cases}$$

约束条件如下：

$$\begin{cases} 0 \leqslant x \leqslant 100 \\ 0 \leqslant y \leqslant 100 \\ 0 \leqslant z \leqslant 100 \end{cases}$$

因此，这个问题采用多重循环来解决是非常方便的。

【例 3-24】实例详解（六）：百钱买百鸡问题（参见实训平台【实训 3-24】）。
本例分为以下 4 步进行，逐步优化，提高性能：

（1）用循环语句列出所有可能的组合，输出符合要求的组合。

```
#include <stdio.h>
void main(void) {
    int count =0;
    int i, j, k;
    for( i=0; i <= 100; i++ ) {
        for( j=0; j <= 100; j++ ) {
            for( k=0; k <= 100; k++ ) {
                count++;
                if( 5*i+3*j+k/3==100 && k%3==0 && i+j+k==100 ) {
                    printf("{%i}：公鸡{%i}，母鸡{%i}，小鸡{%i}\n", count, i, j, k);
                }
```

```
        }
      }
    }
    printf("一共循环了 {%i} 次\n", count);
}
```

运行结果如下：

```
2601：公鸡={0}，母鸡={25}，小鸡={75}
42701：公鸡={4}，母鸡={18}，小鸡={78}
82801：公鸡={8}，母鸡={11}，小鸡={81}
122901：公鸡={12}，母鸡={4}，小鸡={84}
一共循环了 {1030301} 次
```

从结果中看到，一共循环了 103 万次。

（2）优化，提高效率。

```
    for( i=0; i <= 100; i++ ) {
        for( j=0; j <= 100-i; j++ ) {    // 在这里优化
            for( k=0; k <= 100-i-j; k++ ) {    // 在这里优化
                count++;
                if( 5*i+3*j+k/3==100 && k%3==0 && i+j+k==100 ) {
                    printf("{%i}：公鸡{%i}，母鸡{%i}，小鸡{%i}\n", count, i, j, k);
                }
            }
        }
    }
```

这次的结果是循环次数降到 17 万次。

（3）再优化，提高效率。

```
    for( i=0; i <= 100; i++ ) {
        for( j=0; j <= 100-i; j++ ) {
            k = 100 - i - j;    // 在这里优化
            count++;
            if( 5*i+3*j+k/3==100 && k%3==0 ) {
                printf("{%i}：公鸡{%i}，母鸡{%i}，小鸡{%i}\n", count, i, j, k);
            }
        }
    }
```

这次的结果是循环次数降到 5000 多次。

（4）再次优化，提高效率。

```
    for( i=0; i <= 100/5; i++ ) {    // 在这里优化
        for( j=0; j <= 100-i; j++ ) {
            k = 100 - i - j;
            count++;
            if( 5*i+3*j+k/3==100 && k%3==0 ){
                printf("{%i}：公鸡{%i}，母鸡{%i}，小鸡{%i}\n", count, i, j, k);
            }
        }
    }
```

这次的结果是循环次数降到少于 2000 次。

这个例子的循环次数从 103 万次降到 17 万次，再降到 5000 次，最后降到少于 2000 次。针对这个问题，循环次数还可以下降到 644 次，请尝试一下。

对同一个问题，可能有多种解决方法，不同方法的可读性和效率不尽相同。作为程序员，要尽可能优化代码，做到效率高、可读性好。

3.5 综合实训

1.【Jitor 平台实训 3-25】编写一个程序，判断输入的数的正负和奇偶。

2.【Jitor 平台实训 3-26】编写一个程序，实现一个简单的计算器。

3.【Jitor 平台实训 3-27】编写一个程序，根据税率表计算应交税款。

4.【Jitor 平台实训 3-28】编写一个程序，根据下述公式求解一元二次方程。

$$ax^2 + bx + c = 0$$

$$x = \frac{-b \pm \sqrt{b^2 - 4ac}}{2a}$$

5.【Jitor 平台实训 3-29】求 $\sum_{n=1}^{100} \frac{1}{n}$ 的值，即求 $1 + \frac{1}{2} + \frac{1}{3} + \frac{1}{4} + \cdots + \frac{1}{100}$ 的值。

6.【Jitor 平台实训 3-30】编程计算 $y = 1 + \frac{1}{x} + \frac{1}{x^2} + \frac{1}{x^3} + \cdots$ 的值（x>1），直到最后一项小于 10^{-4} 为止。

7.【Jitor 平台实训 3-31】编写一个程序，找出所有"水仙花数"。水仙花数是一个三位数，其各位数字立方的和等于该数本身，例如 $153 = 1^3 + 5^3 + 3^3$。

8.【Jitor 平台实训 3-32】编写一个程序，找出 1～n 之间的所有"完数"，n 的值从键盘输入。完数是一个整数，它的因子之和等于该数本身，例如 6= 1+2+3。

第 4 章　数组

本章所有实训可以在 Jitor 校验器的指导下完成。

4.1　一维数组

考虑表 4-1 中的成绩数据，这时可以用一个数组来存储相同类型的多个数据。

表 4-1　数组数据

课程 1	课程 2	课程 3	课程 4
85	78	99	96

一维数组定义的语法格式如下：

数据类型　数组名[数组长度];

其中数组长度是一个整数常量。例如下述语句定义数组的类型（整型）和大小（元素个数为 6）。

int a[6];

相当于定义了 6 个整数变量，它们使用同一个名字。

a[0], a[1], a[2], a[3], a[4], a[5]

通过索引访问数组中的变量，索引值从 0 开始，而不是从 1 开始，最大值是 N-1（N 是数组长度）。

没有初始化的数组的元素，其值是不确定的，但是可以在定义的同时对数组进行初始化。

int a[6] = {1, 2, 3, 4, 5, 6};

在内存中为数组保留了 6 个整数的空间，它们是连续排列的，数组元素的索引值分别是 0、1、2、3、4 和 5，数组元素的值分别是 1、2、3、4、5 和 6，如图 4-1 所示。

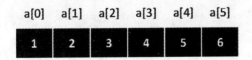

图 4-1　数组在内存中的示意（初始化）

定义时可以不指定长度，此时的长度是初始值的个数。

int a[] = {1, 2, 3, 4, 5, 6};

也可以只给部分元素赋初值。

int a[6] = {1, 2, 3};

未初始化的元素的值为 0，而不是不确定数，如图 4-2 所示。

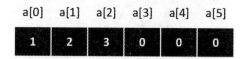

图 4-2　数组在内存中的示意（部分初始化）

但是数组的长度不能小于初始值的个数。

```
int a[6] = {1, 2, 3, 4, 5, 6, 7};
```

此时造成数组越界，如图 4-3 所示，编译时提示错误信息。

```
error C2078: too many initializers
```

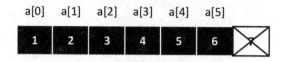

图 4-3　数组在内存中的示意（初始化越界，出错）

4.1.1　一维数组的定义和使用

下述代码片段演示了定义一维数组的几种方法。

```
int number[4];        // 定义一个名为 number 的整数数组，长度为 4（含有 4 个元素）
float price[6];       // 定义一个名为 price 的单精度浮点数数组，长度为 6

int score[] = {85, 78, 99, 96};     // 定义一个名为 score 的整数数组，同时初始化它的 4 个元素
double data[20] = {1, 2};           // 定义一个名为 data 的双精度数组，长度为 20，只初始化前两个元素
```

下述代码片段演示了对一维数组元素的访问方式，有输出、赋值和输入，注意任何时候都不能越界访问（无论是输出、赋值还是输入）。

```
int score[] = {85, 78, 99, 96};     // score 长度为 4，索引值是 0、1、2、3，索引值 4 就是越界

printf("score[0]={%i}\n", score[0]);     // 输出第一个元素（索引值 0）
printf("score[4](不确定的数)={%i}\n", score[4]);     // 错误：越界访问，输出的是一个不确定数

score[0] = 58;     // 可以对元素赋值
score[4] = 69;     // 错误：绝对不允许越界赋值，会引起程序异常或崩溃

scanf("%i", &score[1]);     // 也可以输入元素的值，这里输入第二个元素（索引值 1）
printf("score[1]={%i}\n", score[1]);
```

在上述两段代码中，方括号（[ ]）的作用不同。在定义时，方括号表示变量是一个数组，其中的数字是数组的长度，长度省略时以初始化数据的个数决定长度。而在使用时（访问元素），方括号表示数组元素，其中的数字是索引值，索引值不能省略，并且不能越界（不能超过定义时指定的范围）。

对于数组，需要注意以下几点：

- 数组元素的索引值从 0 开始，直到 N-1（其中 N 是长度）。
- 越界读取元素时，得到的值是不确定的。
- 越界写入元素时，将导致程序异常或崩溃。

- 可以用循环输出每一个元素，循环从 0 开始，例如 for(int i=0; i<4; i++){…}。
- 可以用循环输入每一个元素，同样循环从 0 开始。

【例 4-1】一维数组的输出和输入（参见实训平台【实训 4-1】）。

（1）一维数组的输出。

```
#include <stdio.h>
void main(void) {
    int score[] = {85, 78, 99, 96};

    printf("4 门课的成绩是\n");

    for(int i=0; i<4; i++){      // 结束条件永远是 i < 长度，而不要写为 i <= 长度-1
        printf("第 {%i} 门课程的成绩是 {%i}\n", (i+1), score[i]);
    }
}
```

（2）一维数组的输入。

```
#include <stdio.h>
void main(void) {
    int score[4];

    printf("输入 4 门课的成绩：");
    for(int i=0; i<4; i++){
        scanf("%i", &score[i]);      // 从键盘读取每一个元素
    }

    printf("4 门课的成绩是\n");

    for(i=0; i<4; i++){      // 结束条件永远是 i < 长度，而不要写为 i <= 长度-1
        printf("第 {%i} 门课程的成绩是 {%i}\n", (i+1), score[i]);
    }
}
```

4.1.2　一维数组的最大值、最小值和平均值

一维数组的处理

下面通过一个例子来巩固对一维数组的认识。先从键盘读取数组的值，然后计算数组的最大值、最小值和平均值，将结果输出到屏幕上。

【例 4-2】一维数组的最大值、最小值和平均值（参见实训平台【实训 4-2】）。

```
#include <stdio.h>
#define N 5      // 用 N 代表 5，#define 指令在第 6 章讲解

void main(void) {
    int score[N];
    printf("输入 %i 门课的成绩：", N);
    for(int i=0; i<N; i++){
        scanf("%i", &score[i]);
    }
```

```
        printf("成绩数据如下：\n");
        for(i=0; i<N; i++){
            printf("{%i}\t", score[i]);
        }
        printf("\n");

        int max = score[0], min = score[0], sum = 0;   // 定义并初始化最大值、最小值、累加和变量
        for (i = 0; i < N; i++) {
            max = max > score[i] ? max : score[i];   // 最大值
            min = min < score[i] ? min : score[i];   // 最小值
            sum += score[i];                          // 累加和
        }

        printf("最大值是  {%i}\n", max);
        printf("最小值是  {%i}\n", min);
        printf("平均值是  {%f}\n", ((float)sum)/N);   // 以实数输出平均值
}
```

4.1.3 一维数组的逆序交换

先从键盘读取数组的值并输出到屏幕上，然后对数组进行逆序交换，再把交换后数组的数据输出到屏幕上。

先看一下交换两个数的代码。

```
int a=2, b=3, tmp;   //a 和 b 是两个要交换的变量，tmp 是一个临时变量

tmp = a;             // 交换第一步：将 a 保存到临时变量中
a = b;               // 交换第二步：交换
b = tmp;             // 交换第三步：把临时变量赋给 b
```

一维数组的逆序交换是将第一个元素与最后一个元素交换，然后第二个与倒数第二个交换，依此类推。

【例 4-3】一维数组的逆序交换（参见实训平台【实训 4-3】）。

```
#include <stdio.h>
#define N 8   // 用 N 代表 8，#define 指令在第 6 章讲解

void main(void) {
    int a[N];
    printf("输入 %i 个整数：", N);
    for(int i=0; i<N; i++){
        scanf("%i", &a[i]);
    }

    printf("输入的数据如下：\n");
    for(i=0; i<N; i++){
        printf("{%i}\t", a[i]);
    }
    printf("\n");

    for(i=0;i<=N/2-1;i++){   // 数组的前面一半
```

```
        int temp = a[i];        // 保存一个元素到临时变量中
        a[i] = a[N-i-1];        // 交换
        a[N-i-1] = temp;        // 临时变量的值赋给另一个元素
    }

    printf("逆序交换后的数据如下: \n");
    for(i=0; i<N; i++){
        printf("{%i}\t", a[i]);
    }
    printf("\n");
}
```

4.1.4 程序调试：一维数组的跟踪调试

【例4-4】程序调试：一维数组的跟踪调试（参见实训平台【实训4-4】）。

在 Jitor 校验器中按照提供的操作要求，参考图4-4，对前述的一维数组逆序交换程序进行调试，在调试中理解逆序交换的细节。

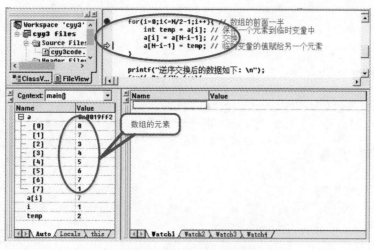

图4-4 调试跟踪数组元素的变化

4.1.5 实例详解（一）：冒泡排序法

冒泡排序法的原理如图4-5所示（原始数据是7、2、6、5、3，排序后的结果应该是2、3、5、6、7），图中弧线表示比较后不需要交换，箭头表示比较后需要交换。

第0轮	第1轮	第2轮	第3轮
7 2 2 2 2	2 2 2 2	2 2 2	2 2
2 7 6 6 6	6 6 5 5	5 5 3	3 3
6 6 7 5 5	5 5 6 3	3 3 5	5 5
5 5 5 7 3	3 3 3 6	6 6 6	6 6
3 3 3 3 7	7 7 7 7	7 7 7	7 7

图4-5 冒泡排序法的原理（外层 N - 1 轮，内层 N - i - 1 次比较）

冒泡排序法算法的要点如下：

- 外层循环一共 N-1 轮。
- 内层循环是 N-i-1 次比较。
- 相邻两数相比较。
- 上大下小则交换。

【例 4-5】实例详解（一）：冒泡排序法（参见实训平台【实训 4-5】）。

```c
#include <stdio.h>
#define N 5

// 冒泡排序法
void main(void) {
    int a[N];

    printf("冒泡排序法：输入 %i 个整数：", N);    // 输入 N 个整数
    for (int i = 0; i < N; i++) {
        scanf("%i", &a[i]);
    }

    for(i=0; i<N-1; i++) {    // 一共 N-1 轮
        printf("\n 轮次：{%i}", i);
        for(int j=0; j<N-1-i; j++) {    // 第 i 轮比较 N-i-1 次
            printf("\n 第 {%i} 次比较\t", j);
            if(a[j] > a[j+1]) {    // 相邻两两比较
                int tmp = a[j];    // t、tmp、temp 为临时的缩写
                a[j] = a[j+1];
                a[j+1] = tmp;
            }
            for (int k = 0; k < N; k++) {    // 本次比较及交换后的中间结果
                printf("{%i}\t", a[k]);
            }
        }
    }

    printf("\n 排序结果：");
    for (i = 0; i < N; i++) {
        printf("{%i}\t", a[i]);
    }
    printf("\n");
}
```

以 7 2 6 5 3 作为测试数据时的运行结果如下（参见图 4-5）：

```
冒泡排序法：输入 5 个整数：7 2 6 5 3

轮次：{0}
第 {0} 次比较    {2}     {7}     {6}     {5}     {3}
第 {1} 次比较    {2}     {6}     {7}     {5}     {3}
```

第 {2} 次比较	{2}	{6}	{5}	{7}	{3}
第 {3} 次比较	{2}	{6}	{5}	{3}	{7}
轮次：{1}					
第 {0} 次比较	{2}	{6}	{5}	{3}	{7}
第 {1} 次比较	{2}	{5}	{6}	{3}	{7}
第 {2} 次比较	{2}	{5}	{3}	{6}	{7}
轮次：{2}					
第 {0} 次比较	{2}	{5}	{3}	{6}	{7}
第 {1} 次比较	{2}	{3}	{5}	{6}	{7}
轮次：{3}					
第 {0} 次比较	{2}	{3}	{5}	{6}	{7}
排序结果:{2}	{3}	{5}	{6}	{7}	

4.1.6　实例详解（二）：选择排序法

选择排序法的原理如图 4-6 所示，图中弧线表示比较后不需要交换，箭头表示比较后需要交换。

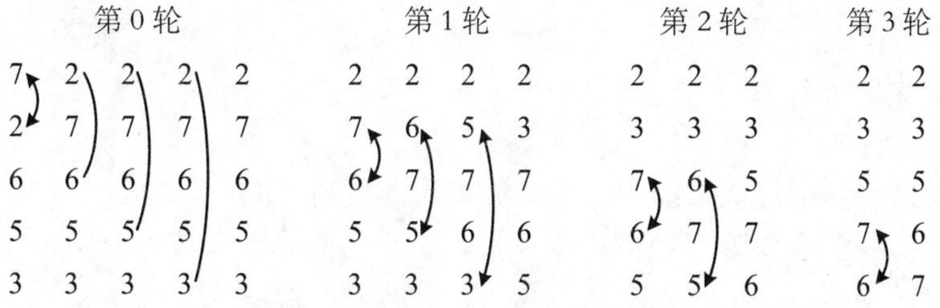

图 4-6　选择排序法的原理（外层 N - 1 轮，内层 N - i - 1 次比较）

选择排序法算法的要点如下：

- 外层循环一共 N-1 轮（与冒泡排序法相同）。
- 内层循环也是 N-i-1 次比较（与冒泡排序法有些不同）。
- 首数后数相比较（与冒泡排序法不同）。
- 首大后小则交换（与冒泡排序法不同，但原则相同）。

【例 4-6】实例详解（二）：选择排序法（参见实训平台【实训 4-6】）。

```c
#include <stdio.h>
#define N 5

// 选择排序法
void main(void) {
    int a[N];

    printf("选择排序法：输入 %i 个整数：", N);      // 输入 N 个整数
    for (int i = 0; i < N; i++) {
        scanf("%i", &a[i]);
    }

    for(i=0; i<N-1; i++) {      // 一共 N-1 轮
```

```
            printf("\n 轮次：{%i}", i);
            for(int j=i+1; j<N; j++) {        // 第 i 轮比较 N-i-1 次
                printf("\n 与索引值 {%i} 的比较\t", j);
                if(a[i] > a[j]) {              // 两两比较
                    int tmp = a[i];           // t、tmp、temp 为临时的缩写
                    a[i] = a[j];
                    a[j] = tmp;
                }
                for (int k = 0; k < N; k++) {    // 本次比较及交换后的中间结果
                    printf("{%i}\t", a[k]);
                }
            }
        }


        printf("\n 排序结果：");
        for (i = 0; i < N; i++) {
            printf("{%i}\t", a[i]);
        }
        printf("\n");
}
```

以 7 2 6 5 3 作为测试数据时的运行结果如下（参见图 4-6）：

```
选择排序法：输入 5 个整数：7 2 6 5 3


轮次：{0}
与索引值 {1} 的比较      {2}      {7}      {6}      {5}      {3}
与索引值 {2} 的比较      {2}      {7}      {6}      {5}      {3}
与索引值 {3} 的比较      {2}      {7}      {6}      {5}      {3}
与索引值 {4} 的比较      {2}      {7}      {6}      {5}      {3}
轮次：{1}
与索引值 {2} 的比较      {2}      {6}      {7}      {5}      {3}
与索引值 {3} 的比较      {2}      {5}      {7}      {6}      {3}
与索引值 {4} 的比较      {2}      {3}      {7}      {6}      {5}
轮次：{2}
与索引值 {3} 的比较      {2}      {3}      {6}      {7}      {5}
与索引值 {4} 的比较      {2}      {3}      {5}      {7}      {6}
轮次：{3}
与索引值 {4} 的比较      {2}      {3}      {5}      {6}      {7}
排序结果：{2}      {3}      {5}      {6}      {7}
```

4.1.7　实例详解（三）：擂台排序法

　　擂台排序法的原理如图 4-7 所示。擂台法是选择法的改进，可以减少交换的次数，方法是在每一轮的每一次比较中只记录比较的结果（最小值的索引值，在图中用星号表示，代码中用变量 m 记录），而不进行实际的交换（图中用虚线表示），在每轮的最后根据比较的结果进行 0 次或 1 次交换（图中用实线表示，箭头表示需要交换），通过减少交换的次数来提高效率。

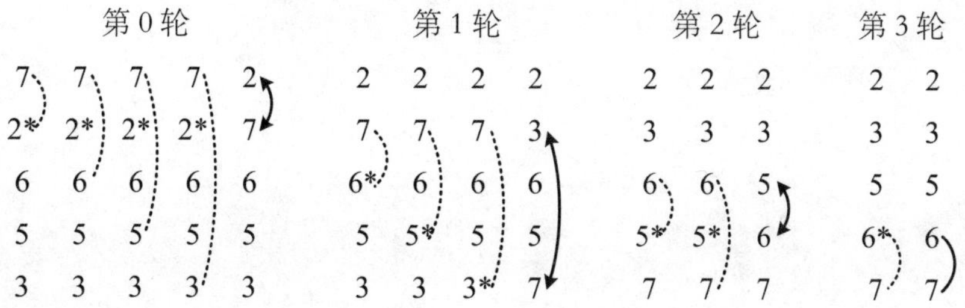

第0轮	第1轮	第2轮	第3轮

```
7   7   7   7   2        2   2   2   2        2   2   2        2   2
2*  2*  2*  2*  7        7   7   7   3        3   3   3        3   3
6   6   6   6   6        6*  6   6   6        6*  6*  5        5   5
5   5   5   5   5        5   5*  5   5        5*  5*  6        6*  6
3   3   3   3   3        3   3   3*  7        7   7   7        7   7
```

图 4-7　擂台排序法的原理（外层 N-1 轮，内层 N-i-1 次比较）

擂台排序法是在选择排序法的基础上加以改进而成的，目的是减少交换的次数，提高运行效率。擂台排序法做了如下改进：

- 外层循环一共 N-1 轮（与选择排序法相同）。
- 内层循环是 N-i-1 次比较（与选择排序法相同）。
- 首数后数相比较（与选择排序法相同）。
- 首数和后数相比较，记录比较的结果（最小值对应的索引值）。
- 每次内层循环结束后才进行交换。

【例 4-7】实例详解（三）：擂台排序法（参见实训平台【实训 4-7】）。

```c
#include <stdio.h>
#define N 5

// 擂台排序法
void main(void) {
    int a[N];

    printf("擂台排序法：输入 %i 个整数：", N);     // 输入 N 个整数
    for (int i = 0; i < N; i++) {
        scanf("%i", &a[i]);
    }

    for(i=0; i<N-1; i++) {     // 一共 N-1 轮
        printf("\n 轮次：{%i}", i);
        int m=i;
        for(int j=i+1; j<N; j++) {     // 第 i 轮比较 N-i-1 次
            printf("\n 与索引值 {%i} 的比较\t", j);
            if(a[m] > a[j]) {     // 两两比较
                m = j;     // 记录最小值所在的索引值
            }
        }
        if(m>i) {     // 每一轮最多只交换一次，从而减少了交换的次数，提高效率
            int tmp = a[i];     // t、tmp、temp 为临时的缩写
            a[i] = a[m];
            a[m] = tmp;
        }
```

```
            for (int k = 0; k < N; k++) {        // 本次比较及交换后的中间结果
                printf("{%i}\t", a[k]);
            }
        }


        printf("\n 排序结果：");
        for (i = 0; i < N; i++) {
            printf("{%i}\t", a[i]);
        }
        printf("\n");
}
```

以 7 2 6 5 3 作为测试数据时的运行结果如下（参见图 4-7）：

擂台排序法：输入 5 个整数：7 2 6 5 3

轮次：{0}
与索引值 {1} 的比较
与索引值 {2} 的比较
与索引值 {3} 的比较
与索引值 {4} 的比较   {2}   {7}   {6}   {5}   {3}
轮次：{1}
与索引值 {2} 的比较
与索引值 {3} 的比较
与索引值 {4} 的比较   {2}   {3}   {6}   {5}   {7}
轮次：{2}
与索引值 {3} 的比较
与索引值 {4} 的比较   {2}   {3}   {5}   {6}   {7}
轮次：{3}
与索引值 {4} 的比较   {2}   {3}   {5}   {6}   {7}
排序结果：{2}   {3}   {5}   {6}   {7}

4.2 二维数组

考虑表 4-2 中的多名学生成绩数据，此时需要使用二维数组。

表 4-2 学生成绩数据

学生	课程 1	课程 2	课程 3	课程 4
学生 1	85	78	99	96
学生 2	76	89	75	97
学生 3	64	92	90	73

二维数组定义的语法格式如下：

数据类型 数组名[第一维长度][第二维长度];

通常称第一维（高维）是行，第二维（低维）是列。

下面这条语句定义了一个 3 行 4 列的二维数组。

```
int a[3][4];
```

即定义了下述存储空间。

```
a[0][0]    a[0][1]    a[0][2]    a[0][3]
a[1][0]    a[1][1]    a[1][2]    a[1][3]
a[2][0]    a[2][1]    a[2][2]    a[2][3]
```

没有初始化的数组，所有元素的值是不确定的。可以为所有元素赋初值。

```
int a[3][4]={{1,2,3,4},{5,6,7,8},{9,10,11,12}};
```

或

```
int a[3][4]={1,2,3,4,5,6,7,8,9,10,11,12};
```

也可以省略最高维的长度。

```
int a[][4]={{1,2,3,4},{5,6,7,8},{9,10,11,12}};
```

或

```
int a[][4]={1,2,3,4,5,6,7,8,9,10,11,12};
```

但不能省略低维的长度，上述 4 条语句的效果相同。

二维数组在逻辑上是 3 行 4 列，而在内存中的物理顺序还是线性的，如图 4-8 所示。

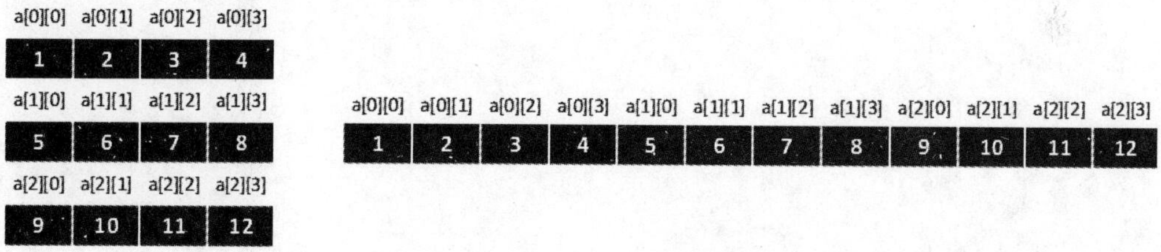

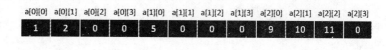

图 4-8　二维数组的逻辑顺序（左）和物理顺序（右）

或者为部分元素赋初值。

```
int a[3][4]={{1,2},{5},{9,10,11}};
```

同时省略高维的长度。

```
int a[][4]={{1,2},{5},{9,10,11}};
```

此时，未被初始化的元素的值为 0，如图 4-9 所示。

图 4-9　二维数组的部分初始化

对数组元素的访问（初始化、赋值及输入/输出）都不能越界。

二维数组与一维数组类似，除了一维数组中需要注意的，还要注意以下几点：

- 第一维（高维）是行，第二维（低维）是列。
- 初始化时，只有最高维长度可以省略，低维长度不允许省略。

● 对二维数组的循环，外层是高维，内层是低维。

4.2.1 二维数组的定义和使用

下面用一个例子来说明二维数组的输入和输出。

【例 4-8】二维数组的输入和输出（参见实训平台【实训 4-8】）。

（1）二维数组的输入。

```
#include <stdio.h>
void main(void) {
    int score[3][4];
    int i, j;

    printf("输入 3 行 4 列成绩：");
    for(i=0; i<3; i++){    // 外层循环是行（3 行）
        for(j=0; j<4; j++){    // 内层循环是列（4 列）
            scanf("%i", &score[i][j]);    // 输入每一个元素
        }
    }

    for(i=0; i<3; i++){
        for(j=0; j<4; j++){
            printf("{%i}\t", score[i][j]);
        }
        printf("\n");
    }
} // 1 2 3 4 5 6 7 8 9 10 11 12
```

（2）二维数组的输出。

```
#include <stdio.h>
void main(void) {
    // 数组的定义和初始化，低维长度不能省略
    int score[][4] = {{85, 78, 99, 96}, {76, 89, 75, 97}, {64, 92, 90, 73}};

    for(int i=0; i<3; i++){    // 外层循环是行（3 行）
        for(int j=0; j<4; j++){    // 内层循环是列（4 列）
            printf("{%i}\t", score[i][j]);    // 输出每一个元素
        }
        printf("\n");
    }
}
```

4.2.2 二维数组的平均值

二维数组的处理

下面用一个计算 5 位学生平均成绩的例子进一步巩固对二维数组的认识。定义数组时，预留一列用于保存平均值，然后输入成绩数据，计算每位学生的平均成绩并保存到预留的列中，最后输出成绩。

【例 4-9】计算每位学生的平均成绩（参见实训平台【实训 4-9】）。

```c
#include <stdio.h>
#define N 5        // 5 行：5 位学生
#define M 4        // 4 列：3 门课程，另加平均成绩

void main(void) {
    float score[N][M];

    printf("输入 5 位学生的成绩（共 15 个整数）：");
    int i,j;
    for(i=0; i<N; i++){
        for(j=0; j<M-1; j++){   // 3 门课程，最后一列不输入（平均成绩）
            scanf("%f", &score[i][j]);     // 输入成绩
        }
    }

    printf("输入的 5 位学生的成绩如下：\n");
    for(i=0; i<N; i++){
        for(j=0; j<M-1; j++){        // 最后一列不输出
            printf("{%.2f}, ", score[i][j]);
        }
        printf("\n");
    }

    float sum;
    for(i=0; i<N; i++){
        sum = 0;         // 初始化每位学生的总分
        for(j=0; j<M-1; j++){   // 3 门课程
            sum += score[i][j];     // 累加成绩
        }
        score[i][M-1] = sum / 3;    //赋给最后一列
    }

    printf("5 位学生的成绩和平均成绩如下：\n");
    for(i=0; i<N; i++){
        for(j=0; j<M; j++){                 // 输出全部（包括平均成绩）
            printf("{%.2f}, ", score[i][j]);
        }
        printf("\n");
    }
} // 91 87 52 78 69 82 32 92 76 85 87 74 65 91 83
```

4.2.3 实例详解（四）：二维数组的转置

下面再用一个例子进一步巩固对二维数组的认识。矩阵可以用二维数组来表示，因此二维数组的转置就是矩阵的转置。

【例 4-10】 实例详解（四）：二维数组的转置（参见实训平台【实训 4-10】）。

```c
#include <stdio.h>
#define N 2   // 2 行
#define M 5   // 5 列

void main(void) {
    int a[N][M];   // 转置前的矩阵（保存原数据）
    int b[M][N];   // 转置后的矩阵（保存结果）

    printf("输入 2×5 个整数：");
    int i,j;
    for(i=0; i<N; i++){
        for(j=0; j<M; j++){
            scanf("%i", &a[i][j]);
        }
    }

    printf("输出原始数据：\n");
    for(i=0; i<N; i++){
        for(j=0; j<M; j++){
            printf("{%i}\t", a[i][j]);
        }
        printf("\n");
    }

    // 转置
    for(i=0; i<N; i++){
        for(j=0; j<M; j++){
            b[j][i] = a[i][j] ;   // a 的行成为 b 的列，a 的列成为 b 的行
        }
    }

    printf("输出结果数据：\n");
    for(i=0; i<M; i++){
        for(j=0; j<N; j++){
            printf("{%i}\t", b[i][j]);
        }
        printf("\n");
    }
} // 1 2 3 4 5 6 7 8 9 10
```

4.3 字符数组

4.3.1 字符数组和字符串

1. 字符串及其结束标志

字符串在内存中存储时，除了存储每一个字符外，还要加上一个结束标志。例如"Hello!"
在内存中的表示如图 4-10 所示，它占据的空间除了构成字符串的字符本身，还有一个结束标

理解字符串

志（'\0'，即数字 0），标志字符串的结束。

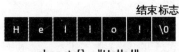

char str[] = "Hello!";

图 4-10   字符串在内存中的表示

2. 字符数组的定义和初始化

（1）定义。C 语言用字符数组来存储字符串，它存储字符串和结束标志，因此实际存储的字符个数是其长度减 1。语法格式如下：

```
char 字符串变量名[数组长度];
```

（2）初始化。初始化有 3 种方式，下述 3 行代码是等价的（长度自动判断）。

```
char str[] = {'H', 'e', 'l', 'l', 'o', '!', 0};    // 必须加上结束标志
char str[] = {"Hello!"};                            // 编译器将自动加上结束标志
char str[] = "Hello!";                              // 这是最常用的初始化方法
```

用第一种方式进行初始化时一定要加上结束标志，而其他两种方法则会自动添加结束标志，所以建议使用最后一种方法。

  如果用第一种方式进行初始化但没有加上结束标志，这样的字符数组就不能作为字符串使用。

通常在初始化时都会指定一个比较长的长度，这样留有一定的缓冲区，如图 4-11 所示，在一定程度上减小了越界访问的可能性。例如下述定义的字符数组将允许输入最多 79 个字符，而不会越界访问。

```
char str[80] = {'H','e','l','l','o','!',0};
char str[80] = {"Hello!"};
char str[80] = "Hello!";
```

char str[20] = "Hello!";

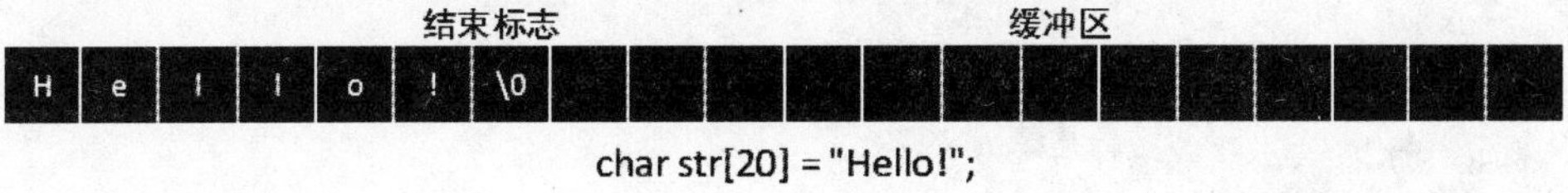

图 4-11   字符串及其缓冲区

3. 字符数组的输出

用 printf 输出字符数组时会自动判断字符串的结束，例如以下代码：

```
char str[80] = "Hello!";
printf("%s\n", str);
```

4. 字符数组的输入

可以用 scanf 从键盘取得用户输入的字符串（以空格或 Enter 键结束）。如果一行文字中包含空格，则空格的作用是分隔两个字符串。

```
char str1[80];
char str2[80];

printf("输入字符串，以空格或回车分隔：");
```

```
scanf("%s%s", &str1, &str2);
printf("%s\n", str1);
printf("%s\n", str2);
```

输入的字符数量不能超过数组的长度减 1，否则会引起程序崩溃。例如下述代码，两个字符串中，无论哪个接收了长度超过 5 的字符串，都会导致数组越界，使程序出现异常或崩溃，如图 4-12 所示，越界时，程序的输出不正确。

```
char str1[6];      // 最多输入 5 个字符
char str2[6];      // 最多输入 5 个字符

printf("输入字符串，以空格或回车分隔：");
scanf("%i", &str1, &str2);
printf(str1);
printf(str2);
```

图 4-12　输入字符串时，无越界（左）和有越界（右）的比较

如果要接收特定的字符，可以用格式字符串"%[…]"，如只接收构成标识符的字符。例如以下代码：

```
char str[80];      // 最多可以输入 79 个字符

printf("输入字符串，接收大小写字母、数字和下划线：");
scanf("%[a-zA-Z0-9_]", str);      // 大小写字母、数字和下划线，除此之外的字符作为结束符
printf("%s\n", str);
```

如果要接收包括空格在内的整行字符，可以用 gets 函数。例如以下代码：

```
char str[80];      // 最多可以输入 79 个字符

printf("输入字符串，以回车分隔：");
gets(str);         // 接收整行字符串
printf("%s\n", str);
```

【例 4-11】字符数组的输入和输出（参见实训平台【实训 4-11】）。

（1）简单的输入。

```
#include <stdio.h>
void main(void) {
    char str1[80];              // 最多输入 79 个字符，不容易越界
    char str2[80] = "Hello!";   // 数组长度为 7，最多输入 79 个字符

    printf("%s\n", str1);       // 没有初始化的字符数组，输出不确定的字符串（乱码）
    printf("%s\n", str2);

    printf("输入字符串，以空格或回车分隔：");
    scanf("%s %s", &str1, &str2);
```

```
        printf("{%s}\n", str1);
        printf("{%s}\n", str2);
}
```

（2）按行输入。

```
#include <stdio.h>
void main(void) {
    char str1[80];
    char str2[80];

    printf("输入整行字符串，以回车分隔：");
    gets(str1);
    gets(str2);
    printf("str1={%s}\n", str1);
    printf("str2={%s}\n", str2);
}
```

（3）字符数组的输出。

```
#include <stdio.h>
void main(void) {
    char str1[] = {'H', 'e', 'l', 'l', 'o', '!', 0};    // 必须加上结束标志
    char str2[] = {"Hi!"};          // 编译器将自动加上结束标志
    char str3[] = "Hey!";           // 这是最常用的初始化办法

    printf("%s\n", str1);
    printf("%s\n", str2);
    printf("%s\n", str3);

    // 也可以输出每一个元素，这里加上了 ASCII 值，目的是输出自动加上的结束标志
    // 输出 str3 中的每一个元素（包括自动添加的结束标志）
    for(int i=0; i<5; i++){         // 数组的长度是字符串长度加 1
        printf("str3[%i] -> %c (%i)\n", i, str3[i], str3[i]);
    }
}
```

运行结果如下：

```
Hello!
Hi!
Hey!
str3[0] -> H (72)
str3[1] -> e (101)
str3[2] -> y (121)
str3[3] -> ! (33)
str3[4] ->    (0)
```

5. 字符数组与其他数组的区别

（1）字符数组有结束标志。

字符数组必须有结束标志，可以有多种初始化的方式。

```
char str[] = {'H','e','l','l','o','!',0};    // 必须加上结束标志
```

```
char str[] = "Hello!";              // 这是最常用的初始化方法
```

而其他数组（如整数数组）不需要结束标志，初始化时要逐一列出各个元素。

```
int a[] = {1, 2, 3, 4, 5};          // 不存在结束标志
```

（2）字符数组可以直接输入和输出。

字符数组可以作为字符串直接进行输入和输出，下述代码是正确的（虽然需要避免越界）。

```
char str[80];   // 最多输入 79 个字符

printf("输入字符串：");
gets(str);
printf(str);      // 整体输出字符数组
```

对于其他数组（如整数数组）不能直接输入和输出，下述代码是错误的。

```
int a[8];     //8 个元素

printf("输入整数数组：");
scanf("%i", &a);    // 不能整体输入数组，语法上是错误的
printf(a);    // 输出错误的结果
```

对于非字符串的数组，只能是逐个元素一一输入或输出。

```
int a[8];     //8 个元素

printf("输入整数数组的每个元素：");
for(int i=0; i<8; i++){
    scanf("%i", &a[i]);    // 只能输入每一个元素
}
for(i=0; i<8; i++){
    printf("{%i}\t",a[i]);    // 输出每一个元素
}
```

4.3.2　字符串处理函数

常用的字符串处理函数有以下几种（见附录 D）：

- 字符串长度函数 strlen：string length 的缩写。
- 字符串比较函数 strcmp：string compare 的缩写。
- 字符串复制函数 strcpy：string copy 的缩写。
- 字符串连接函数 strcat：string concat 的缩写。
- 转大写字母函数和转小写字母函数 strlwr 和 strupr：分别是 string lower 和 string upper 的缩写。

【例 4-12】字符串处理函数（参见实训平台【实训 4-12】）。

```
#include <stdio.h>
#include <string.h>    // 字符串处理函数需要加上这一行
void main(void) {
    char str1[80];    // 最大字符长度为 79
    char str2[80];
    char str3[160];    // 预留足够的空间，便于后面的处理
```

```
        printf("输入两行字符：");
        gets(str1);
        gets(str2);

        printf("\nstr1 = {%s}\n", str1);
        printf("str2 = {%s}\n", str2);

        printf("str1 的长度 = {%i}\n", strlen(str1));    // 实际长度，不包括结束标志
        printf("str2 的长度 = {%i}\n", strlen(str2));

        printf("比较 str1 和 str2 的大小 = {%i}\n", strcmp(str1, str2));    // 结果有 3 种：-1、0、1

        strcpy(str3, str1);      // 将 str1 复制到 str3 中
        printf("str3 = {%s}\n", str3);

        strcat(str3, str2);      // 在 str3（上一步已经复制了 str1 的内容）上追加 str2 的内容
        printf("str3 = {%s}\n", str3);

        printf("小写的 str1 = {%s}\n", strlwr(str1));    // 全部小写
        printf("大写的 str2 = {%s}\n", strupr(str2));    // 全部大写
}
```

运行结果如下：

```
输入两行字符：This is the first line.
This is the second line.

str1 = {This is the first line.}
str2 = {This is the second line.}
str1 的长度 = {23}
str2 的长度 = {24}
比较 str1 和 str2 的大小 = {-1}
str3 = {This is the first line.}
str3 = {This is the first line.This is the second line.}
小写的 str1 = {this is the first line.}
大写的 str2 = {THIS IS THE SECOND LINE.}
```

4.4 综合实训

1.【Jitor 平台实训 4-13】编写一个程序，实现下述功能：①定义一个 10 个元素的整型数组；②从键盘读取前 9 个整数（从小到大排列）；③从键盘读取一个数；④根据排序规则将这个数插入到数组中，保持从小到大的排序不变；⑤输出结果。

2.【Jitor 平台实训 4-14】编写一个程序，实现下述功能：①定义一个 5 行 6 列的单精度数组；②从键盘读取前 4 行和前 5 列的实数；③计算每行的平均值，保存在最后一列；④计算每列的平均值，保存在最后一行；⑤输出结果（5 行 6 列的全部结果）。

3.【Jitor 平台实训 4-15】编写一个程序，实现下述功能：①定义一个 15×15 的整型数组；

②输入一个不大于 15 的整数 n；③编写 n 行的杨辉三角，每个值都保存在数组中；④输出结果。

4.【Jitor 平台实训 4-16】编写一个程序，实现下述功能：①定义 3 个 3×4 的整数数组：a、b 和 c；②从键盘读取数组 a 和 b 的数据；③令 c = a + b（矩阵加法）；④输出数组 a、b 和 c 的内容。

5.【Jitor 平台实训 4-17】编写一个程序，实现下述功能：①定义 3 个整数数组：a、b 和 c，行列分别为 4×3、3×2 和 4×2；②从键盘读取数组 a 和 b 的数据；③令 c = a×b（矩阵乘法）；④输出数组 a、b 和 c 的内容。

6.【Jitor 平台实训 4-18】编写一个程序，实现功能：不采用 strlen 函数，求从键盘输入的字符串的长度。

第 5 章 函数

本章所有实训可以在 Jitor 校验器的指导下完成。

5.1 函数概述

可以将函数看作包装一段代码的盒子。C 语言的所有可执行语句都必须放在函数中，运行一个函数就是运行函数中的代码。因此函数是 C 程序的基本单位。可以说，C 程序是由各种各样的函数组成的，其中主函数是一个程序运行的起点。C 程序的组成如图 5-1 所示。

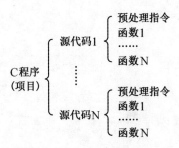

图 5-1 C 程序的组成

C 库函数：由 C 提供的（C 设计团队编写的），被所有用户使用的函数。C 的一大优势是提供了大量的库函数，方便程序员编写程序。

第三方库函数：某些团队为了公益（开源）或商用而编写的，提供给所有需要的用户使用的函数，如专用的图像处理函数库、科学计算函数库、加密解密函数库。

自定义函数：由程序员编写，并被自己或所在团队使用的函数。

从技术上说，C 库函数、第三方库函数和自定义函数是相同的，不同的是由谁来编写和提供。一般来说，库函数经过长期检验，可靠性和执行效率都是最高的，应该尽量使用库函数。

C 程序员的主要任务就是在库函数的基础上，根据项目的需求开发自己的函数，从而完成项目的开发。

5.1.1 使用 C 库函数

C 提供了大量的函数库，包括输入/输出、字符和字符串、数学、时间和日期等的处理。例如下面有些函数在前面的章节中曾经使用过。

- 标准输入输出库：例如 printf 和 scanf 函数，需要包含<stdio.h>头文件。
- 标准通用工具库：例如 exit 和 abort 函数，需要包含<stdlib.h>头文件。
- 数学库：例如 sqrt 和 sin 函数，需要包含<math.h>头文件。
- 字符串库：例如 strlen 和 strcpy 函数，需要包含<string.h>头文件。

本书附录 D 列出了一些常用的 C 库函数及对应库函数头文件名称。

【例 5-1】使用 C 库函数（参见实训平台【实训 5-1】）。

通过一个例子来回顾库函数的使用。

```
#include <stdio.h>
#include <math.h>     // 使用数学库时应该包含这个头文件
void main(void) {
    double a, b;

    printf("输入两个实数：");
    scanf("%lf %lf", &a, &b);    // 双精度要用 "%lf" 格式字符串

    printf("a 的平方根是 {%f}\n", sqrt(a));
    printf("b 的正弦值是 {%f}\n", sin(b));
}
```

5.1.2 使用自定义函数

1. 函数定义

定义函数的格式如下：

```
返回类型  函数名(形参表)
{
    函数体;
    return 返回值;
}
```

返回类型是函数的返回值的类型，没有返回值时用 void 表示。

函数名是一种标识符，服从标识符的命名规则。

形参表是一组形式参数（变量，简称形参）的列表，没有形参时用 void 表示。其格式如下：

```
形参 1 类型  形参 1 名称, 形参 2 类型  形参 2 名称, ...
```

函数体是一段代码，执行时从上向下进行，其中可以包括分支语句和循环语句。

返回值是函数执行结束时返回给调用方的值，用关键字 return <返回值>表示，是函数体执行的最后一条语句，返回值的类型必须与函数的返回类型相同。如果是没有返回值的函数，则没有返回值。

2. 函数调用

调用函数的格式如下：

```
函数名(实参表)
```

函数名是已经定义过的函数的名称，遵循先定义后使用的原则。

实参表是一组实际参数（值或表达式，简称实参）的列表。

形参和实参的关系如下：

● 个数相同：实参个数与形参个数完全相同。

● 含义一致：每一个实参的实际含义与对应的形参的含义一致。

● 类型兼容：每一个实参的类型与对应的形参的类型是兼容的。

● 实参提供实际值：实际值可以是常量、变量或表达式（传入的是表达式的值）。

● 为空时不能省略括号：如果没有定义形参（即 void），调用时不要提供任何参数，保留一对空括号（不能省略）。

3．函数调用方式

函数调用的方式有以下几种：

● 将函数调用语句作为独立语句。
● 将函数调用的返回值赋给变量。
● 将函数调用作为表达式的一部分。
● 将函数调用的返回值作为另一个函数的参数。

【例 5-2】使用自定义函数（参见实训平台【实训 5-2】）。

（1）定义一个加法函数。

```
#include <stdio.h>
// 必须在函数外定义函数
int add(int x, int y) {
    printf("{加法函数}\n");
    return x + y;
}


void main(void) {
    // 在后面的步骤中用不同的形式调用

}
```

（2）将函数调用语句作为独立语句。

```
void main(void) {
    int a, b;
    printf("输入两个整数：");
    scanf("%i %i", &a, &b);

    add(a, b);      // 相加的结果（返回值）没有保存下来，丢弃了
}
```

（3）将函数调用的返回值赋给变量。

```
void main(void) {
    int a, b;
    printf("输入两个整数：");
    scanf("%i %i", &a, &b);

    int c;
    c = add(a, b);     // 相加的结果（返回值）赋给变量 c
    printf("两数的和是 {%i}\n", c);
}
```

（4）将函数调用作为表达式的一部分。

```
void main(void) {
    int a, b;
    printf("输入两个整数：");
    scanf("%i %i", &a, &b);
```

```
    int c;
    c = 3 * add(a, b);     // 相加的结果（返回值）赋给变量 c
    printf("两数的和再乘以 3 是{%i}\n", c);

    printf("两数的和再乘以 3 是（直接输出）{%i}\n", 3 * add(a, b));
}
```

（5）将函数调用的返回值作为另一个函数的参数。

```
#include <math.h>     // 包含数学函数库

void main(void) {
    int a, b;
    printf("输入两个整数：");
    scanf("%i %i", &a, &b);

    float c;
    c = sqrt (add(a, b));     // 计算相加的结果（返回值）的平方根
    printf("两数的和的平方根是 {%f}\n", c);
}
```

5.1.3 函数返回值

设计和编写一个函数的目的常常是需要这个函数的返回值。在函数中，可以有多个 return 语句，分别返回不同的值，返回的值必须与函数的返回类型相同或兼容。

下面通过将百分制转为等级制的函数的例子来学习函数返回值。

【例 5-3】函数返回值（参见实训平台【实训 5-3】）。

```
#include <stdio.h>
char score2grade(int score){
    if(score>100){
        return 'N';
    }else if(score>=90){
        return 'A';
    }else if(score>=80){
        return 'B';
    }else if(score>=70){
        return 'C';
    }else if(score>=60){
        return 'D';
    }else if(score>=0){
        return 'F';
    }else{
        return 'N';   // N 表示非法的值
    }
}

void main(void) {
    int score;
```

```
        printf("输入百分制成绩：");
        scanf("%i", &score);

        char grade = score2grade(score);
        printf("等级是　{%c}\n", grade);
}
```

理解函数的用途

5.1.4　无返回值的函数

设计和编写一个函数，有时并不需要这个函数的返回值，只是需要函数运行时所产生的效果。有返回值的函数和无返回值的函数的比较见表 5-1。

表 5-1　有返回值的函数和无返回值的函数的比较

比较项	有返回值的函数	无返回值的函数
定义时	必须指明返回值的类型	指明返回值类型为 void
return 语句的个数	一个或多个 return <返回值>语句	0 个、1 个或多个 return 语句
return 的返回值	return <返回值>必须返回一个值（或表达式）	return 语句不能带有返回值
调用时	可以接收返回值（表达式或函数参数），有时也可以丢弃返回值（独立语句）	只能采用独立语句调用

函数的主要用途有以下两种（有返回值的函数同样有这两种用途）：

● 代码复用：把重复使用的代码保存到函数内，供多次调用。

● 合理组织代码：根据代码的功能和逻辑结构合理组织代码，提高可读性。

下面以无返回值的函数为例来说明这两种用途。

【例 5-4】无返回值的函数（参见实训平台【实训 5-4】）。

（1）代码复用。

下述代码中的 print 可被多次调用，实现了代码的复用。

```
#include <stdio.h>
void print(int score) {
    if(score <0) {
        printf("{成绩不能是负数}\n");
        return;
    }
    if(score >100) {
        printf("{成绩不能大于 100 分}\n");
        return;
    }

    printf("成绩是：{%i}\n", score);
}

void main(void) {
    int score;
    printf("输入成绩：");
```

```
    scanf("%i", &score);

    print(score);

    printf("再次输入成绩：");
    scanf("%i", &score);

    print(score);
}
```

（2）代码重组。

将 3.2.6 节中的代码进行重新组织，将"计算月份的日数"和"判断空调的开和关"的代码分别改写为函数 getDays() 和 setAC()，使主函数更简洁，整个程序逻辑清晰，大大提高了可读性。

```
#include <stdio.h>

void getDays(){
    // 省略具体代码（见 3.2.6 节）
}

void setAC(){
    // 省略具体代码（见 3.2.6 节）
}

void main(void) {
    // 菜单
    printf("{1. 计算月份的日数}\n");
    printf("{2. 判断空调的开和关}\n");

    char choice;
    printf("选择菜单功能：");
    scanf("%c", &choice);

    // 实现用户选择的功能
    switch (choice) {
    case '1':
        // 计算月份的日数
        getDays();
        break;
    case '2':
        // 判断空调的开和关
        setAC();
        break;
    default:
        printf("{选择错误}\n");
    }
```

```
    printf("{程序结束}\n");
}
```

5.1.5　主函数的形式

主函数（main）的标准写法是有返回值的，这个返回值返回给操作系统，通常返回值为 0 表示没有错误，返回值为其他整数表示出现某种错误。代码如下：

```
int main(void) {
    // 函数体
    return 0;        // 主函数的返回值是返回给操作系统的
}
```

本书为了方便，写为无返回值的形式，代码如下（有些编译器不认可这种写法，会提出警告信息）：

```
void main(void) {
    // 函数体
}
```

5.1.6　函数原型说明

1. 函数声明与函数定义

在前面的例子中，函数的定义也是函数的声明。对于下述函数：

```
int add(int x, int y) {
    printf("{加法函数}\n");
    return x + y;
}
```

可以将函数定义和函数声明分开来写。以下是函数声明（称为函数原型）：

```
int add(int x, int y);
```

而下面是函数定义：

```
int add(int x, int y) {
    printf("{加法函数}\n");
    return x + y;
}
```

将函数原型分开写的好处是可以方便地满足先声明后使用的原则。函数的声明、定义和调用的次序如下：

● 　声明函数：编写函数原型。
● 　调用函数：在函数原型之后就可以调用函数，而不必先写函数定义
● 　定义函数：在其他位置编写函数定义，甚至在另外一个文件中编写。

2. 函数原型

函数原型说明的格式如下：

```
返回类型　函数名(形参表);
```

例如以下是函数原型说明。

```
int add (int a, int b);
```

函数原型说明中形参的标识符还可以省略。

int add (int, int);

它的意思是有一个名为 **add** 的函数，第一个参数是整型，第二个参数也是整型，返回值类型还是整型。

函数原型和函数定义可以分开编写。函数原型与函数定义的比较见表 5-2。

表 5-2 函数原型与函数定义的比较

比较项	函数原型	函数定义
编写的位置	调用之前，也可以在函数之内	任何位置，除了函数之内
作用	声明一个函数	定义函数的同时起声明函数的作用
在项目中的数量	多个，在调用函数的每个文件中都有一个	只能有一个，不允许重复定义

在一个项目之中，函数定义只能有一个，不允许重复定义。函数定义不能写在另一个函数之内，可以写在其他位置（表 5-3），实际开发中常常写在单独的文件中。

表 5-3 编写函数定义的位置

编写函数定义的位置	说明
在调用之前	函数定义同时也是函数原型，然后才能调用函数。通常不建议采用这种方式
在函数内	绝对不允许
在调用之后	先写函数原型，然后才能调用。函数定义写在后面
在单独的文件中	函数定义写在单独的文件中（见 5.4.1 节）。在需要调用的文件中，先写函数原型，然后才能调用

【例 5-5】函数原型说明（参见实训平台【实训 5-5】）。

（1）函数定义在调用之前。

```
#include <stdio.h>
int sub(int x, int y){
    printf("{两数差}\n");
    return x - y;
}

void main(void) {
    int a, b;
    printf("输入两个数：");
    scanf("%i %i", &a, &b);

    int c;
    c = sub(a, b);
    printf(" a 和 b 之差是 {%i}\n", c);
}
```

（2）函数定义在函数内（错误的）。

```
#include <stdio.h>
void main(void) {
```

```
    int a, b;
    printf("输入两个数：");
    scanf("%i %i", &a, &b);

    int sub(int x, int y){ // 不允许在函数中编写另一个函数，初学者经常犯这种错误
        printf("{两数差}\n");
        return x - y;
    }

    int c;
    c = sub(a, b);
    printf(" a 和 b 之差是 {%i}\n", c);
}
```

（3）函数定义在调用之后。

```
#include <stdio.h>
int sub(int, int);        // 函数原型
//int sub(int x, int y);  // 或者这样写

void main(void) {
    int a, b;
    printf("输入两个数：");
    scanf("%i %i", &a, &b);

    int c;
    c = sub(a, b);
    printf(" a 和 b 之差是 {%i}\n", c);
}

int sub(int x, int y){    // 不允许在函数中编写另一个函数，初学者经常犯这种错误
    printf("{两数差}\n");
    return x - y;
}
```

（4）函数定义位于单独的文件中。

将 sub 函数保存在文件 arithmetic.cpp 中。

```
int sub(int x, int y){
    printf("{两数差}\n");
    return x - y;
}
```

在任何其他文件中调用 sub 函数。

```
#include <stdio.h>
int sub(int, int);    // 函数原型
// C 编译器会在所有文件中查找这个函数的定义，如果找不到，则出现连接错误

void main(void) {
    int a, b;
    printf("输入两个数：");
```

```
        scanf("%i %i", &a, &b);

        int c;
        c = sub(a, b);
        printf(" a 和 b 之差是 {%i}\n", c);
}
```

5.1.7 程序调试：函数的跟踪调试

对于函数的调试跟踪，需要根据调试的目的决定是否需要跟踪到函数内部。可以有以下 3 种调试方式：

- 在调用函数的语句行上按 F10 键不进入函数，继续下一行。
- 在调用函数的语句行上按 F11 键跟踪进入函数内部。
- 直接在函数中设置断点，按 F5 键直接执行到函数中的断点。

【例 5-6】程序调试：函数的跟踪调试（参见实训平台【实训 5-6】）。

在 Jitor 校验器中按照提供的操作要求，参考图 5-2 进行调试跟踪操作。

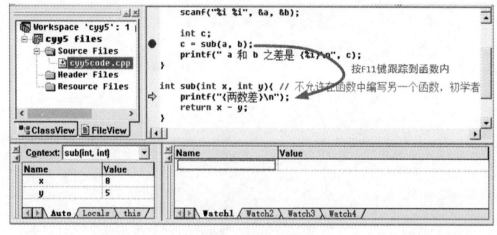

图 5-2 跟踪进入函数

5.2 函数调用

5.2.1 传值调用——实参与形参的关系

形参是函数定义时的参数，它的意思是形式上应该有这个参数。实参是函数调用时的参数，它的意思是实际上这个参数的值是什么。

到目前为止，我们学习的函数都是传值调用的，即调用函数时仅仅将实参的值传给形参，函数内部对形参所做的修改不会改变函数外实参的值。

　　如果希望在函数内部修改形参的值后使对应的实参值发生变化，需要用第 7 章的方法来解决，目前所学的知识是无法解决这个问题的。

【例 5-7】传值调用——实参与形参（参见实训平台【实训 5-7】）。

```
#include <stdio.h>

void swapByVal(int, int);
void main(void) {
    int a, b;
    printf("输入两个整数: ");
    scanf("%i %i", &a, &b);

    printf("in main(1) a={%i}, b={%i}\n", a, b);
    swapByVal(a, b);
    printf("in main(2) a={%i}, b={%i}\n", a, b);
}

void swapByVal(int a, int b) {
    printf("in swapByVal(1) a={%i}, b={%i}\n", a, b);
    int t = a;
    a = b;
    b = t;
    printf("in swapByVal(2) a={%i}, b={%i}\n", a, b);
}
```

运行结果如下：

```
输入两个整数: 2 3
in main(1) a={2}, b={3}
in swapByVal(1) a={2}, b={3}
in swapByVal(2) a={3}, b={2}
in main(2) a={2}, b={3}
```

可以看到函数内是交换了，而函数外并未交换。

5.2.2 嵌套调用——杨辉三角

一个函数调用另一个函数，叫做函数的嵌套调用。

● 一个函数可以调用另一个函数。

● 主函数是程序的起点，所有的函数调用都是由主函数直接或间接发起的。

 函数不允许嵌套定义，即不能在函数内部定义另一个函数。函数可以嵌套调用，是指在一个函数内调用另一个函数。

下面采用函数的嵌套来编写一个程序，输出杨辉三角形。从数学上推导，可以得到杨辉三角第 i 行第 j 列的元素是：

$$Cij = \frac{i!}{j! * (i - j)!}$$

先编写一个求阶乘的函数，再编写一个函数，调用阶乘函数来求杨辉三角的每一项元素。另外编写一个输出指定数量空格的函数，使输出的内容居中。最后从主函数调用它们。

【例 5-8】嵌套调用——杨辉三角（参见实训平台【实训 5-8】）。

（1）编写求阶乘的函数。

```
#include <stdio.h>
```

```
int factorial(int);
void main(void) {
    int n;
    printf("输入一个整数：");
    scanf("%i", &n);

    printf("n 的阶乘是  {%i}\n", factorial(n));
}

int factorial(int n) { // 计算阶乘值
    int f = 1;
    for (int i = 1; i <= n; i++)
        f *= i;
    return f;
}
```

（2）编写求杨辉三角每一项的函数，其中调用求阶乘函数。

```
#include <stdio.h>

int factorial(int);        // 函数定义省略（见前面的步骤）
int cij(int, int);
void main(void) {
    int n;
    printf("输入一个整数：");
    scanf("%i", &n);

    // 主函数中输出杨辉三角的每一项
    for (int i = 0; i <= n; i++) {
        for (int j = 0; j <= i; j++) {
            printf("{%i}\t", cij (i, j));
        }
        printf("\n");
    }
}

int cij(int i, int j) {// 计算杨辉三角项
// 调用 factorial 函数
    return factorial(i) / (factorial(j) * factorial(i - j));
}
```

（3）编写输出指定数量空格的函数，完成杨辉三角的输出。

```
#include <stdio.h>

int factorial(int);        // 函数定义省略（见前面的步骤）
int cij(int, int);         // 函数定义省略（见前面的步骤）
void space(int);
void main(void) {
    int n;
```

```
        printf("输入一个整数：");
        scanf("%i", &n);

        // 主函数中输出杨辉三角的每一项
        for (int i = 0; i <= n; i++) {
            space(n-i);
            for (int j = 0; j <= i; j++) {
                printf("{%i}", cij (i, j));
            }
            printf("\n");
        }
    }

    void space(int n) {      // 打印（输出）指定数量的空格
        for (int i = 0; i < n; i++) {
            printf(" ");       // 3 个空格
        }
    }
```

理解递归调用

5.2.3 递归调用——阶乘

1. 递归调用

一般情况下，在函数内部不会调用函数自身。如果在函数内部直接或间接地调用了函数自身，则称这种调用为递归调用，同时这种函数就称为递归函数。递归调用有以下两种表现形式：

● 直接递归调用：一个函数直接调用自身，例如在函数 a 的内部调用 a。
● 间接递归调用：一个函数间接调用自身，例如函数 a 调用 b，函数 b 再调用 a。

2. 递归调用的注意事项

● 在每一次调用自身时，必须（在某种意义上）更接近于解。
● 必须有一个终止处理或计算的准则。

　　　　　无意中形成的间接递归调用，由于不存在终止处理的准则，通常会导致无限的递归调用，造成程序进入死循环状态。

例如，n 的阶乘可以有以下两个定义：

● 0 的阶乘是 1，正整数 n 的阶乘是 1～n 之间的自然数的乘积，即：

$$0! = 1$$
$$n! = 1 \times 2 \times 3 \times \cdots \times n$$

● 0 的阶乘是 1，其他正整数 n 的阶乘是该数乘以 n-1 的阶乘，即：

$$0! = 1$$
$$n! = n \times (n-1)!$$

第二种定义正好与递归函数的概念是完全相同的，因此可以用递归函数来求阶乘。

【例 5-9】递归调用——阶乘（参见实训平台【实训 5-9】）。

（1）求阶乘的函数（循环法）。

```
#include <stdio.h>
```

```
int factorial(int);
void main(void) {
    int n;
    printf("输入一个整数：");
    scanf("%i", &n);

    printf("n 的阶乘是 {%i}\n", factorial(n));
}

int factorial(int n) { // 计算阶乘值（循环法）
    int f = 1;
    for (int i = 1; i <= n; i++)
        f *= i;
    return f;
}
```

（2）求阶乘的函数（递归法）。

```
// 函数原型和主函数见前面
int factorial(int n) { // 计算阶乘值（递归法）
    if (n == 0) {
        return 1;
    } else {
        return n * factorial(n - 1);
    }
}
```

5.3 函数参数与数组

5.3.1 数组元素作为函数参数

将数组元素作为函数参数传递给函数，只需将数组元素作为普通变量，直接将值传递给数组即可。

● 在函数原型和函数定义中，不必考虑数组，以数组元素的数据类型为参数类型。

● 调用函数时，只需传入数组元素。

【例 5-10】数组元素作为函数参数（参见实训平台【实训 5-10】）。

```
#include <stdio.h>
#define N 8

void print(int);    // 函数原型，参数是普通变量
void main(void) {
    int a[N];
    printf("输入数组元素：");
    for(int i=0; i<N; i++){
        scanf("%i", &a[i]);
    }
```

```
        printf("数组元素是：\n");
        for(i=0; i<N; i++){
            print(a[i]);        // 以数组元素为实参
        }
        printf("\n");
} // 1 2 3 4 5 6 7 8


void print(int a){ // 函数定义
        printf("{%i}\t", a);
}
```

理解函数的参数

5.3.2 一维数组作为函数参数

将整个一维数组（即数组名）作为函数参数传递给函数，此时与传递数组元素是不同的。函数原型的语法格式如下：

数据类型 函数名(数据类型 数组名[], int 数组长度);

函数调用的语法格式如下：

函数名(数组名, 数组长度);

- 形参中数组名后方括号内的数组长度不起任何作用，因此可以省略（方括号本身不能省略），同时需要另外传递一个数组长度的参数。
- 实参中的数组名不需要加上方括号，表示这是整个一维数组，同时数组长度应该单独传递给函数。

由于函数的参数中包括了数组的长度，使函数可以适用于任意长度的数组，可以提高代码的复用性。

【例 5-11】一维数组作为函数参数（参见实训平台【实训 5-11】）。

（1）编写一个通用的整数数组输入函数 input()和通用的整数数组输出函数 output()。

```
#include <stdio.h>

void input(int[], int);   // 函数原型，数组名可以省略
void output(int[], int);
void main(void) {   // 主函数的代码非常简洁
    int a[6];
    input(a, 6);
    output(a, 6);
} // 3 4 5 1 2 6

void input(int x[], int n){ // 通用的整数数组输入函数 input()，数组长度通过参数传递
    printf("输入 %i 个数组元素：", n);
    for(int i=0; i<n; i++){
        scanf("%i", &x[i]);
    }
}

void output(int x[], int n){ // 通用的整数数组输出函数 output()，数组长度通过参数传递
    printf("数组元素是：\n");
```

```
    for(int i=0; i<n; i++){
        printf("{%i}\t", x[i]);
    }
    printf("\n");
}
```

（2）编写一个通用的整数数组排序函数 sort()。

```
#include <stdio.h>

void input(int x[], int);       // 函数定义省略（见前面的步骤）
void output(int x[], int);      // 函数定义省略（见前面的步骤）
void sort(int x[], int);
void main(void) {
// 主函数的代码非常简洁
    int a[6];
    input(a, 6);
    sort(a, 6);
    output(a, 6);
} // 3 4 5 1 2 6


void sort(int x[], int n){ // 通用的整数数组冒泡排序法，数组长度通过参数传递
    for(int i=0; i<n-1; i++) {// 一共 n-1 轮
        for(int j=0; j<n-1-i; j++) { // 第 i 轮比较 n-i-1 次
            if(x[j] > x[j+1]) { // 两两比较
                int tmp = x[j];   // t、tmp、temp 为临时的缩写
                x[j] = x[j+1];
                x[j+1] = tmp;
            }
        }
    }
}
```

（3）在主函数中处理 4 个不同长度的整数数组。

```
#include <stdio.h>

void input(int x[], int n);     // 函数定义省略（见前面的步骤）
void output(int x[], int n);    // 函数定义省略（见前面的步骤）
void sort(int x[], int n);      // 函数定义省略（见前面的步骤）
void main(void) {
    // 第一个数组
    int a[6];
    input(a, 6);
    sort(a, 6);
    output(a, 6);

    // 再次处理同一个数组（覆盖原有的数据）
    input(a, 6);
    sort(a, 6);
```

```
        output(a, 6);

        // 第二个数组（不同长度）
        int b[3];
        input(b, 3);
        sort(b, 3);
        output(b, 3);

        // 第三个数组（不同长度）
        int c[20];
        input(c, 20);
        sort(c, 20);
        output(c, 20);
}
// 3 4 5 1 2 6     8 4 5 7 2 6     301 116 156     29 22 21 24 25 31 27 28 39 36 23 32 33 34 30 26 37 38 40 35
// 3 21 5 11 2 6     8 4 1 72 2 6     31 116 156     29 2 21 24 25 31 217 28 39 361 23 32 33 34 30 26 37 8 40 35
```

 　　在函数中修改数组元素的值，将同时影响实参的值，可从排序函数非常明显地体会到。

5.3.3　二维数组作为函数参数

将整个二维数组（即数组名）作为函数参数传递给函数，此时与传递整个一维数组是基本相同的。函数原型的语法格式如下：

数据类型　函数名(数据类型　数组名[][低维长度], int　高维长度);

函数调用的语法格式如下：

函数名(数组名, 高维长度);

● 形参中数组名后有两对方括号，其中高维的数组长度不起任何作用，可以省略，而低维的数组长度不能省略，同时还要传递高维数组长度。
● 实参中的数组名不需要加上方括号，表示这是整个二维数组，同时高维数组长度必须传递给函数。

由于低维长度不能省略，因此以二维数组作为函数参数时，采用本节的方法不能编写出完全通用的函数。

【例 5-12】二维数组作为函数参数（参见实训平台【实训 5-12】）。

（1）编写二维整数数组输入函数 input2d() 和输出函数 output2d()。

```
#include <stdio.h>
#define COL 4

void input2d(int x[][COL], int);     // 数组名中低维长度必须提供，高维长度可以省略
void output2d(int x[][COL], int);
void main(void) {   // 主函数的代码非常简洁
    int a[2][COL];

    input2d(a, 2);
```

```
        output2d(a, 2);
} // 2 4 5 1 4 6 8 9

void input2d(int x[][COL], int row){ // 高维长度是行数，低维长度（COL）是列数
    int i, j;
    printf("输入 %i X %i 数组元素： ", row, COL);
    for(i=0; i<row; i++){ // 每一行
        for(j=0; j<COL; j++){ // 每一列
            scanf("%i", &x[i][j]);
        }
    }
}

void output2d(int x[][COL], int row){ // 高维长度是行数，低维长度（COL）是列数
    int i, j;
    printf("数组元素是： \n");
    for(i=0; i<row; i++){ // 每一行
        for(j=0; j<COL; j++){ // 每一列
            printf("{%i}\t", x[i][j]);
        }
        printf("\n");    // 每一行结束后要换行
    }
}
```

（2）编写一个求二维整数数组元素和的函数 sum2d()。

```
#include <stdio.h>
#define COL 4

void input2d(int x[][COL], int);      // 函数定义省略（见前面的步骤）
void output2d(int x[][COL], int);     // 函数定义省略（见前面的步骤）
int sum2d(int x[][COL], int);         // 数组名中低维长度必须提供，高维长度可以省略
void main(void) {
    int a[2][COL];

    input2d(a, 2);
    output2d(a, 2);
    printf("元素和是 {%i}\n", sum2d(a, 2));
} // 2 4 5 1 4 6 8 9

int sum2d(int x[][COL], int row){ // 求和函数
    int i, j;
    int sum = 0;
    for(i=0; i<row; i++){ // 每一行
        for(j=0; j<COL; j++){ // 每一列
            sum += x[i][j];
```

```
        }
    }
    return sum;
}
```

（3）在主函数中处理两个不同高维长度的整数数组。

```
#include <stdio.h>
#define COL 4

void input2d(int x[][COL], int);     // 函数定义省略（见前面的步骤）
void output2d(int x[][COL], int);    // 函数定义省略（见前面的步骤）
int sum2d(int x[][COL], int);        // 函数定义省略（见前面的步骤）
void main(void) {
    int a[2][COL];

    input2d(a, 2);
    output2d(a, 2);
    printf("元素和是  {%i}\n", sum2d(a, 2));

    int b[5][COL];      // 低维长度不能改变，高维长度可以改变
    input2d(b, 5);
    output2d(b, 5);
    printf("元素和是  {%i}\n", sum2d(b, 5));
}  // 2 4 5 1 4 6 8 9    29 22 21 24 25 31 27 28 39 36 23 32 33 34 30 26 37 38 40 35
```

5.4　变量的存储类型

5.4.1　函数与源代码文件

一个 C 项目由多个文件组成，每个文件又由多个函数组成，这些文件与函数之间有一定的联系。注意以下几点：

- 一个函数定义只允许写在一个文件中，在整个项目中不允许出现同名的函数。
- 函数定义通常保存在单独的文件中，同一类函数保存在一起，例如数组类的函数保存在一个文件中。
- 在文件中调用其他文件中定义的函数，应该在调用之前加上函数原型，以满足先声明后使用的原则。
- 函数之间可以通过参数和返回值来传递数据，也可以通过其他方式来传递数据，如共用同一个变量（如本节将要讲解的全局变量、外部变量）。

【例 5-13】函数与源代码文件（参见实训平台【实训 5-13】）。

下面用一个实例来讲解如何在多个文件之间建立函数原型、函数定义和函数调用的关系。

将"【实训 5-11】一维数组作为函数参数"的代码按图 5-3 所示的方式重新布局。图中每个矩形代表一个文件，虚线上方是函数原型，虚线下方是函数定义。

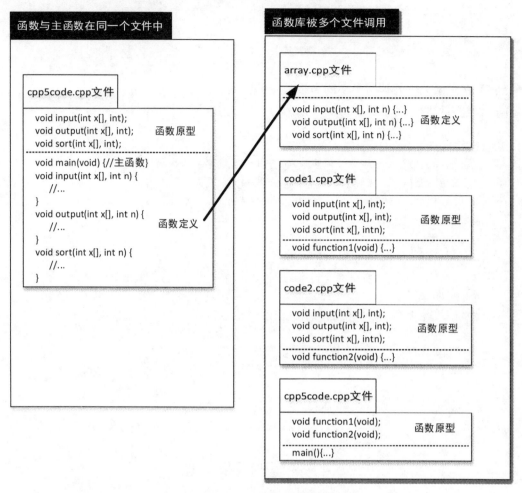

图 5-3　将函数定义保存到独立的文件中

方案一（图的左侧）：函数原型、函数定义与主函数在同一个文件中。

方案二（图的右侧）：将函数定义保存到单独的文件（array.cpp）中，出于演示的目的，将原来的主函数拆分为两个函数（function1 和 function2，分别保存在 code1.cpp 和 code2.cpp 文件中），主函数再调用这两个函数，因此将一个文件拆分为下述 4 个文件。

（1）array.cpp 文件。

```
#include <stdio.h>
/*
    文件 array.cpp 保存了一维数组的通用处理函数：
    1. 输入函数的定义
    2. 输出函数的定义
    3. 排序函数的定义
*/
void input(int x[], int n){ // 通用的整数数组输入函数 input()，数组长度通过参数传递
    // 函数体与"【实训 5-11】一维数组作为函数参数"的 input 函数相同

}
```

```
void output(int x[], int n){ // 通用的整数数组输出函数 output()，数组长度通过参数传递
    // 函数体与"【实训 5-11】一维数组作为函数参数"的 output 函数相同
}

void sort(int x[], int n){ // 通用的整数数组冒泡排序法，数组长度通过参数传递
    // 函数体与"【实训 5-11】一维数组作为函数参数"的 sort 函数相同
}
```

（2）code1.cpp 文件。

```
void input(int x[], int n);      // 函数原型
void output(int x[], int n);     // 函数原型
void sort(int x[], int n);       // 函数原型

void function1(void){
    // "【实训 5-11】一维数组作为函数参数"主函数的前半部分
    // 第一个数组
    int a[6];
    input(a, 6);
    sort(a, 6);
    output(a, 6);

    // 再次处理同一个数组（覆盖原有的数据）
    input(a, 6);
    sort(a, 6);
    output(a, 6);
}
```

（3）code2.cpp 文件。

```
void input(int x[], int n);      // 函数原型
void output(int x[], int n);     // 函数原型
void sort(int x[], int n);       // 函数原型

void function2(void){
    // "【实训 5-11】一维数组作为函数参数"主函数的后半部分
    // 第二个数组（不同长度）
    int b[3];
    input(b, 3);
    sort(b, 3);
    output(b, 3);

    // 第三个数组（不同长度）
    int c[20];
    input(c, 20);
    sort(c, 20);
    output(c, 20);
}
```

（4）cpp5code.cpp 文件。

```
void function1(void);
```

```
void function2(void);

void main(void) {
    // 与 "【实训 5-11】一维数组作为函数参数" 的功能完全相同
    function1();      // 原来主函数的前半部分
    function2();      // 原来主函数的后半部分
}
```

5.4.2 作用域

作用域是指变量在源代码文件中起作用的有效范围，注意以下几点：

- 变量在作用域范围内有效，可以被访问。
- 变量在作用域范围外无效，不能被访问。
- 变量在作用域范围内不能存在同名的变量。

例如下述代码中的 4 个变量 n、sum、i 和 a。

```
1.    #include <stdio.h>
2.
3.    void main(void) {
4.        printf("输入一个整数：");
5.        int n;                    // n 的作用域从这里到主函数结束
6.        scanf("%i", &n);
7.
8.        int sum = 0;              // sum 的作用域从这里到主函数结束
9.        for(int i=0; i<n; i++){   // i 的作用域从这里到主函数结束
10.           printf("i={%i}\t", i);
11.           int a;                // a 的作用域从这里到循环体结束
12.           a = i*3;
13.           sum += a;
14.       }
15.       printf("\n1 到 %i 的三倍的累加和是 {%i}\n", n, sum);
16.   }
```

这 4 个变量的作用域在代码的注释中已有说明，详细说明见表 5-4。

表 5-4 作用域例子的说明

变量名	开始行	结束行	说明
n	5	16	在第 4 行不能访问变量 n
sum	8	16	在第 4～7 行不能访问变量 sum
i	9	16	在第 4～8 行不能访问变量 i
a	11	14	在第 4～10 行及 15～16 行不能访问变量 a

上述变量的作用域是从定义处开始，直到当前块结束，作用域同时结束，这种作用域称为块作用域。

还有文件作用域和函数作用域，3 种作用域的比较见表 5-5。

表 5-5 3 种作用域的比较

比较项	块作用域	文件作用域	函数作用域
有效范围	块	文件	函数
定义的位置	函数内	函数外	函数内
起始位置[注]	定义处起始（先声明后使用）	定义处起始（先声明后使用）	该函数开始处起始
结束位置	该块结束处	该文件结束处	该函数结束处

注：定义变量的同时声明了变量，所以符合先声明后使用的原则。

【例 5-14】作用域（参见实训平台【实训 5-14】）。

（1）块作用域（一）。

```
#include <stdio.h>
void main(void) {
    printf(" 块  a={%i}, b={%i}\n", a, b);     // 错误：未声明就使用
    int a = 103, b = 104;
    int a = 2;  // 错误：在同一个块中不能定义同名变量
    printf(" 块  a={%i}, b={%i}\n", a, b);
}
```

（2）块作用域（二）。

```
#include <stdio.h>
void main(void) {
    int a = 103, b = 104;
    printf(" 外层块  a={%i}, b={%i}\n", a, b);
    { // 花括号括起来的就是块，常见的是 if、while、for 等的语句块
        int a = 2;     // 在不同块中可以有同名变量。作用域不同，两个同名变量没有联系
        b = 5;         // 这里改变的是外层块的变量
        printf(" 内层块  a={%i}, b={%i}\n", a, b);
    }
    printf(" 外层块  a={%i}, b={%i}\n", a, b);
}
```

在这个例子中，外层块与内层块存在同名变量，这两个变量可以共存。参考图 5-4 来理解这种类型的块作用域。但是应该避免这种同名变量，以防止无意间的错误引用。

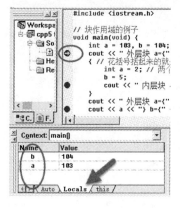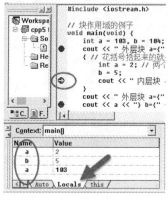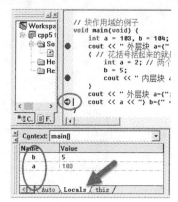

图 5-4 块变量的跟踪

（3）文件作用域。

```
#include <stdio.h>

int a, b;                    // 在函数之外的变量是文件作用域的
void swap();                 // 交换 a、b 变量值的函数
void main(void) {
    printf("输入两个整数：");
    scanf("%i %i", &a, &b);
    printf("swap 之外  a={%i}, b={%i}\n", a, b);
    swap();
    printf("swap 之外  a={%i}, b={%i}\n", a, b);
}

void swap(){
    printf("swap 内  a={%i}, b={%i}\n", a, b);
    int t = a;
    a = b;
    b = t;
    printf("swap 内  a={%i}, b={%i}\n", a, b);
}
```

运行结果如下：

```
输入两个整数：3 5
swap 之外  a={3}, b={5}
swap 内  a={3}, b={5}
swap 内  a={5}, b={3}
swap 之外  a={5}, b={3}
```

变量 a、b 是文件作用域的，swap()函数对这两个变量的值的交换会在 swap()函数外部体现出来。

（4）函数作用域。

```
int add(int x, int y){
    int x = 10;      // 出错：x 的作用域是整个函数，函数内不能再次定义同名变量
    printf(" add 函数  x={%i}, y={%i}\n", x, y);
    return x + y;
}
```

5.4.3 动态变量与静态变量

理解静态变量

到目前为止，使用的变量都是动态变量。

静态变量是用 static 关键字修饰的变量。静态变量与动态变量最关键的区别在于变量是否会被多次初始化，见图 5-5 和表 5-6。

- 动态变量保存在内存中的栈里，每执行一次初始化就会初始化一次。例如多次执行 int count = 0，每次执行时，变量 count 都会被初始化为 0。
- 静态变量保存在静态区中，只在程序启动时初始化，此后不再初始化。例如多次执行 static int count = 0，变量 count 只在程序启动时初始化，每次执行时，原来的值不变。

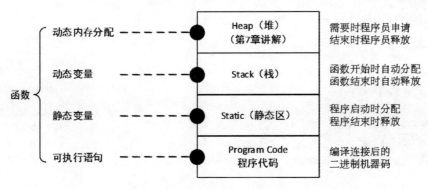

图 5-5　内存中的静态变量和动态变量

表 5-6　静态变量和动态变量的比较

比较项	动态变量	静态变量
关键字	用 auto 修饰（通常省略）	用 static 修饰
分配空间的时机	执行到该条语句	程序启动时
回收空间的时机	作用域结束时	程序结束时
是否存在多次分配空间的情况	是。每运行到该语句再次分配空间	否。再次访问时使用同一空间
变量的值是否保留	否。每次分配空间时需要再次初始化	是。再次访问时可以访问到原来的值
功能	保存临时的值	保存永久的值（程序运行期间不被清除）

【例 5-15】动态变量与静态变量（参见实训平台【实训 5-15】）。

```
#include <stdio.h>
void loop(int n){
    // 在这里定义静态变量和动态变量
    static int sCount = 0;    // 静态变量，自动初始化为 0，只在程序启动时初始化一次
    auto int aCount = 0;      // 动态变量，通常省略 auto，需要初始化

    for(int i=0; i<n; i++){
        sCount++;
        aCount++;
        printf("函数内第 {%i} 次循环，", aCount);
        printf("累计第 {%i} 次循环\n", sCount);
    }
    printf("\n");
}

void main(void) {
    for(int i=0; i<5; i++){
        loop(i);
    }
}
```

运行结果如下：

```
函数内第 {1} 次循环，累计第 {1} 次循环

函数内第 {1} 次循环，累计第 {2} 次循环
函数内第 {2} 次循环，累计第 {3} 次循环

函数内第 {1} 次循环，累计第 {4} 次循环
函数内第 {2} 次循环，累计第 {5} 次循环
函数内第 {3} 次循环，累计第 {6} 次循环

函数内第 {1} 次循环，累计第 {7} 次循环
函数内第 {2} 次循环，累计第 {8} 次循环
函数内第 {3} 次循环，累计第 {9} 次循环
函数内第 {4} 次循环，累计第 {10} 次循环
```

静态变量 sCount 的值在每次调用 loop 函数时，运行 static int sCount = 0;也不会初始化 sCount，这样它就能够保存上一次被调用时的值，用于计数累计循环次数。

5.4.4 局部变量与全局变量

局部变量是写在函数内的变量，到目前为止（除了 5.4.2 节演示过全局变量）使用的都是局部变量。全局变量是写在函数外的变量。局部变量与全局变量最关键的区别在于变量的作用域，见图 5-6 和表 5-7，全局变量的作用域是文件作用域，局部变量的作用域不是文件作用域。

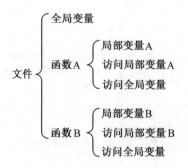

图 5-6　局部变量与全局变量

表 5-7　局部变量与全局变量的区别

比较项	局部变量	全局变量
定义的位置	函数内	函数外
作用域范围	块作用域、函数作用域	文件作用域
是否静态	可以是动态的，也可以是静态的（static）	全部是静态的（如果加上 static 则另有含义）
功能	限制变量在函数内使用，函数外无效	允许变量在函数间、文件间使用，从而交换数据

所有全局变量都是静态的（不需要加 static，如果加上 staitc 则成为静态全局变量，后面讲解）。局部变量可以是静态的，也可以是动态的（没有 static 修饰）。

【例 5-16】局部变量与全局变量（参见实训平台【实训 5-16】）。

```c
#include <stdio.h>

// 在这里定义一个全局变量
int gCount = 0;   // 全局变量，自动初始化为 0，可以省略 "= 0" 这部分

void loop(int n){
    static int sCount;      // 静态变量，自动初始化为 0
    auto int aCount=0;      // 动态变量，可以省略 auto，不能省略初始化部分 "= 0"

    for(int i=0; i<n; i++){
        gCount++;
        sCount++;
        aCount++;
        printf("第 {%i} 次增量（loop 函数），", gCount);
        printf("函数内第 {%i} 次循环，", aCount);
        printf("累计第 {%i} 次循环\n", sCount);
    }
    printf("\n");
}

void count(){
    gCount++;
    // 可以访问全局变量 gCount，不能访问 loop 函数中的局部变量 sCount
    printf("第 {%i} 次增量（count 函数）\n", gCount);
}

void main(void) {
    for(int i=0; i<5; i++){
        count();
        loop(i);
    }
}
```

这个例子与前一个例子的不同之处在于增加了一个全局变量，还增加一个函数 count，它对全局变量再次做增量运算。运行结果如下：

```
第 {1} 次增量（count 函数）

第 {2} 次增量（count 函数）
第 {3} 次增量（loop 函数），函数内第 {1} 次循环，累计第 {1} 次循环

第 {4} 次增量（count 函数）
第 {5} 次增量（loop 函数），函数内第 {1} 次循环，累计第 {2} 次循环
第 {6} 次增量（loop 函数），函数内第 {2} 次循环，累计第 {3} 次循环

第 {7} 次增量（count 函数）
第 {8} 次增量（loop 函数），函数内第 {1} 次循环，累计第 {4} 次循环
```

第 {9} 次增量（loop 函数），函数内第 {2} 次循环，累计第 {5} 次循环
第 {10} 次增量（loop 函数），函数内第 {3} 次循环，累计第 {6} 次循环

第 {11} 次增量（count 函数）
第 {12} 次增量（loop 函数），函数内第 {1} 次循环，累计第 {7} 次循环
第 {13} 次增量（loop 函数），函数内第 {2} 次循环，累计第 {8} 次循环
第 {14} 次增量（loop 函数），函数内第 {3} 次循环，累计第 {9} 次循环
第 {15} 次增量（loop 函数），函数内第 {4} 次循环，累计第 {10} 次循环

从运行结果可以看出，全局变量有以下两个特点：

● 全局变量是静态的。

● 全局变量可以被多个函数访问。

5.4.5　外部变量

外部变量是用关键字 extern 修饰的变量。

理解外部变量的关键点是可以把一个变量作为具有项目作用域（多个源代码文件共用）的全局变量来使用，见表 5-8。

表 5-8　外部变量与其他变量的比较

比较项	局部变量	全局变量	外部变量
位置	定义在函数内	定义在函数外	使用前声明（函数内或外）
作用域范围	块作用域、函数作用域	文件作用域	项目作用域
拥有内存空间	是	是	否（访问全局变量的空间）
目的	限制在函数内使用	允许变量在函数间、文件间使用	访问其他文件的全局变量

外部变量依赖全局变量，实际上它们是同一个变量。

● 全局变量：定义变量，同时声明变量。

● 外部变量：声明变量，而不定义变量，声明后允许引用这个变量（同名的全局变量）。

【例 5-17】外部变量（参见实训平台【实训 5-17】）。

在这个例子中，两个文件共用第三个文件（global.cpp）中的全局变量，如图 5-7 所示。

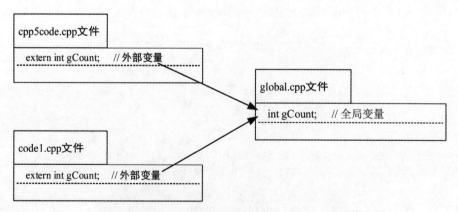

图 5-7　外部变量是共用其他文件中的全局变量

（1） global.cpp 文件。

```
int gCount;      // 定义全局变量
```

（2） code1.cpp 文件。

```
extern int gCount;      // 引用 global.cpp 文件中的全局变量作为外部变量

void function1(void){
    gCount++;
}
```

（3） cpp5code.cpp 文件。

```
#include <stdio.h>

extern int gCount;      // 引用 global.cpp 文件中的全局变量作为外部变量
void function1(void);

void main(void) {
    function1();
    function1();

    printf("gCount={%i}\n", gCount);
}
```

运行结果如下：

```
gCount={2}
```

5.4.6　全局变量与静态全局变量

前面讲解过全局变量，全局变量本身是静态的，不需要加上 static。如果在全局变量前加上 static，则这个变量就成为静态全局变量。静态全局变量是不能被其他文件作为外部变量访问的全局变量，此时 static 的含义有点像静止在这个文件中，不能被其他文件访问，如图 5-8 所示。全局变量与静态全局变量的区别见表 5-9。

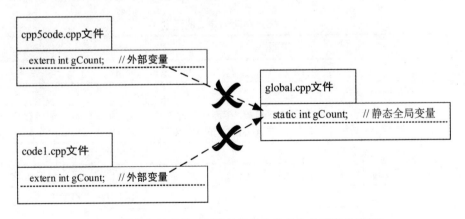

图 5-8　静态全局变量（不能被其他文件作为外部变量访问）

表 5-9　全局变量与静态全局变量的区别

比较项	全局变量	静态全局变量
语法	不加 static 修饰	用 static 修饰
定义的位置	函数外	函数外
作用域	整个项目（可作为外部变量被引用）	本文件（不能作为外部变量）
是否静态的	是（虽然没有 static 修饰）	是（这里的 static 仅表示限制作用域在本文件内）
功能	允许一个全局变量在整个项目中使用	限制一个全局变量只能在当前文件中使用，防止误用

【例 5-18】全局变量和静态全局变量（参见实训平台【实训 5-18】）。

（1）global.cpp 文件。

```
static int gCount;    // 定义静态全局变量，与前一个实训的差别是加上了 static 关键字
```

（2）code1.cpp 文件。

```
// 这个文件与前一个实训完全相同
```

（3）cpp5code.cpp 文件。

```
// 这个文件与前一个实训完全相同
```

此时出现如下编译错误，原因是在 code1.cpp 和 cpp5code.cpp 文件中无法访问 global.cpp 文件中的静态全局变量：

```
cyy5code.cpp
global.cpp
Linking...
code1.obj : error LNK2001: unresolved external symbol "int gCount" (?gCount@@3HA)
cyy5code.obj : error LNK2001: unresolved external symbol "int gCount" (?gCount@@3HA)
Debug/cyy5.exe : fatal error LNK1120: 1 unresolved externals
Error executing link.exe.

cyy5.exe - 3 error(s), 0 warning(s)
```

5.4.7　声明和定义的区别

在讨论变量或函数时，要注意"声明"和"定义"两个术语之间的区别，见表 5-10。

表 5-10　声明与定义的区别

比较项	声明	定义
英文动词	declare	define
英文名词	declaration	definition
含义	告诉编译器存在这个变量或函数，在连接时再去找这个变量或函数（在本文件或其他文件中定义）	为变量或函数分配内存空间，编译器可以直接用这个空间
多次使用	可以多次声明	不允许重复定义
两者关系	不会同时定义变量或函数	同时也声明了变量或函数
变量的例子	外部变量	局部变量、全局变量
函数的例子	函数原型	函数定义

在错误信息里常常可以看到对应的术语。例如重复定义了一个变量，错误信息是"重复定义"，如下：

error C2086: 'a' : redefinition

解决的方法只有一种，就是删除重复的定义。

如果有一个变量找不到，错误信息是"未声明的标识符"，而不是未定义的变量，如下：

error C2065: 'a' : undeclared identifier

因此解决的方法有两种：一是定义这个变量（同时也是声明）；二是声明这个变量（如声明为外部变量，则这个变量在其他文件中定义）。

5.4.8　寄存器变量

计算机对不同存储介质的访问速度是不同的，对外存（如硬盘）的访问速度最慢，对内存（普通变量，即前面讲解的各种变量）的访问速度很快，而对寄存器中的数据访问速度最快。

寄存器变量是用关键字 register 修饰的变量。

寄存器只能保存极少量的数据，因此为了提高运行效率，可以将少数几个变量设置为寄存器变量，从而提高程序的运行效率。寄存器变量与普通变量的区别见表 5-11。

表 5-11　寄存器变量与普通变量的区别

比较项	普通变量	寄存器变量
保存位置	主板上的内存	CPU 中的寄存器
特点	正常的	速度快，支持的变量数量极少
适用类型	动态、静态、全局等所有类型	动态变量
适用场合	适用于绝大多数场合	特殊情况下提高效率，不提供新的功能

 对现代计算机来说，使用寄存器变量提升效率的效果并不明显，因此极少使用。只是在实时性要求极高的电子器件的编程中可能会用到。

【例 5-19】寄存器变量（参见实训平台【实训 5-19】）。

```c
#include <stdio.h>
void main(void) {
    register int i;     // 定义寄存器变量，理论上可以提高效率
    int n, sum;
    printf("Input the value of n: ");      // 计算 1 到 n 的累加和
    scanf("%i", &n);
    sum = 0;
    for (i = 1; i <= n; i++) {
        sum += i;
    }
    printf("sum = {%i}\n", sum);
}
```

5.5 内联函数

调用函数的过程会使程序的效率有一点点降低，此时可使用内联函数避免函数调用，从而提高效率，其机制是把对内联函数的调用直接替换为函数体的内容。

内联函数是用关键字 inline 修饰的函数。

内联函数的唯一目的是提高执行效率，不提供新的功能，仅适用于简单的函数。

对现代计算机来说，使用内联函数提升效率的效果并不明显，因此极少使用。

【例 5-20】 内联函数（参见实训平台【实训 5-20】）。

```
#include <stdio.h>

inline int add(int x, int y) { // 内联函数
    return x+y;
}

void main(void) {
    int a, b, sum;
    printf("Input a, b: ");
    scanf("%i %i", &a, &b);

    sum = add(a, b);   // 调用内联函数（把函数体直接替换到这里）
    printf("sum = {%i}\n", sum);
}
```

5.6 参数默认值

参数默认值是为了编程方便，可以写出简洁的代码，注意以下几点：

● 有默认值的参数在调用时可以提供实参，也可以不提供实参。如果提供实参，则将实参传给形参；如果不提供实参，则将默认值传给形参。

● 没有默认值的参数在调用时必须提供实参，否则出错。

形参（函数定义）和实参（函数调用）的类型和含义仍然要求一一对应，只是实参的数量可能少一些，可以省略有默认值的参数，但是仍然要保证一一对应，不允许交叉出现，见表 5-12。

表 5-12　参数默认值中参数列表的要求

是否有默认值	形参（函数定义）	实参（函数调用）
没有默认值	没有默认值的形参列在前面	没有默认值的实参列在前面
有默认值	有默认值的形参列在后面	有默认值且提供实际值的实参列在中间，最后是省略的有默认值的实参（这里传入的是默认值）

【例 5-21】 参数默认值（参见实训平台【实训 5-21】）。

```
#include <stdio.h>

int add(int, int, int=0);        // 在函数原型中指定默认值
void main(void) {
    int a = add(1, 2, 3);        // 提供 3 个参数
    int b = add(1, 2);           // 提供 2 个参数（第 3 个用默认值）

    printf(" a= {%i}\n", a);
    printf(" b= {%i}\n", b);
}

int add(int x, int y, int z){ // 定义时不能再指定默认值
    return x + y + z;
}
```

5.7　综合实训

1．【Jitor 平台实训 5-22】编写两个函数，分别实现华氏温度与摄氏温度的转换，并按要求修改主函数，以满足输入输出的要求。

2．【Jitor 平台实训 5-23】用普通函数、递归函数、库函数 3 种方法中的一种来实现计算 x 的 n 次幂，不能修改提供的主函数。

3．【Jitor 平台实训 5-24】编写 strlen 和 strcpy 函数，替代库函数实现完全相同的功能，不能修改提供的主函数。

4．【Jitor 平台实训 5-25】编写一个名为 fibonacci 的求斐波那契数列的递归函数，不能修改提供的主函数。

第 6 章 编译预处理

本章所有实训可以在 Jitor 校验器的指导下完成。

从 C 源代码生成可执行文件并执行的过程如下：

（1）编译预处理：根据编译预处理指令对源代码进行必要的处理。

（2）编译：将 C 代码翻译为目标计算机（Windows 或 Linux 系统或单片机）的机器码，每个 C 文件编译为一个目标文件（.obj）。

（3）连接：将编译好的多个目标文件合并（连接）为一个可执行（.exe）文件。

（4）执行：运行生成的可执行文件，处理输入的数据并输出计算的结果。

本章主要讲解编译预处理。编译预处理指令有 3 种：宏定义、文件包含和条件编译。所有编译预处理指令都是以#开始，它们都不是 C 语句，因此在行末不应该用分号结束。在代码规范上，所有预处理指令都是顶格排版的。

6.1 宏定义指令

在第 4 章中我们曾经用过下面的宏定义，它会将文件中所有的 N 替换为 5。

```
#define N 5
```

6.1.1 不带参数的宏定义

宏定义可以理解为全文替换，先用一个名字（宏名）代表一个替换文本（一个值或一小段代码），然后将文件中的宏名全部替换（也称为宏展开）为对应的替换文本。语法格式如下：

```
#define 宏名 替换文本
```

习惯上宏名采用大写字母，以便与普通变量名相区别。定义宏以后，这个源代码文件中的所有宏名将被替换为对应的替换文本。

宏定义与 const 常量的作用有点相似，但它们的机制不同，见表 6-1。

表 6-1 宏定义与 const 常量的比较

比较项	#define 宏	const 常量
实现方式	文本替换	是一种变量，只是它的值不能修改
实现时机	预编译	编译
语法格式（例子）	#define PI 3.14159265358979	const double PI = 3.14159265358979;

注意以下几点：

● 替换过程会自动识别代码和字符串，字符串中出现的宏名不做替换。

● 如果宏定义中的替换文本是一个字符串（用双引号引起来），则替换为字符串（含双引号的替换文本）。

- 宏可以嵌套，即在宏中引用另外一个宏定义。
- 语法检查时，对宏定义本身不做检查，只是对替换后的结果做语法检查。

【例6-1】不带参数的宏定义（参见实训平台【实训6-1】）。

（1）宏定义。

```
#include <stdio.h>
#define PI 3.1415926    // 宏定义，结尾不能加分号，可以加注释

void main(void) {
    const double pi = 3.1415926;    // 这是常量，名称也应该用大写

    printf("PI = {%f}\n", PI);    // 在预处理时用 3.1415926 替换 PI
    printf("pi = {%f}\n", pi);    // 在运行时输出常量 pi 的值
}
```

（2）嵌套的宏定义。

```
#include <stdio.h>
#define PI 3.1415926
#define R 10
#define AREA PI*R*R    // 在宏中引用已定义的宏，即嵌套宏

void main(void) {
    printf("THE AREA IS = {%f}\n", AREA);    // 字符串中的 AREA 不会被替换
}
```

（3）宏定义与字符串。

```
#include <stdio.h>
#define PI 3.1415926
#define R 10
#define AREA PI*R*R    // 在宏中引用已定义的宏，即嵌套宏
#define PROMPT "圆的面积是：{%f}\n"    // 用宏代表字符串，必须用双引号引起来

void main(void) {
    printf(PROMPT, AREA);    // PROMPT 被替换为带引号的字符串，内含输出格式
}
```

（4）宏定义错误的检查。

```
#include <stdio.h>
#define PI 3.1415926
#define R 10
#define PERIMETER 2+*PI*R    // 周长，故意写错成"+*"，在这一行不会有出错提示

void main(void) {
    printf("圆的周长是：{%f}\n", PERIMETER);    // 出错提示在使用宏定义的这一行
}
```

错误提示是在宏替换的一行（第7行），而不是宏定义的一行（第4行）。错误信息如下：

```
D:\VC60\cyy6\cyy6code.cpp(7) : error C2100: illegal indirection
Error executing cl.exe.
```

6.1.2 带参数的宏定义

宏定义还可以带参数，语法格式如下：

#define 宏名(参数表) 替换文本

注意在宏名与参数表的括号之间不允许有空格。

带参数的宏定义有点像函数，但两者有本质区别，见表 6-2。

表 6-2 带参数的宏定义与函数的比较

比较项	带参数的宏定义	函数
参数定义形式不同	只需要参数名称	需要数据类型和参数名称
数据类型	替换后检查数据类型	直接检查数据类型
调用过程	不存在调用，只是进行宏替换（即宏展开）	将实参传入函数进行调用
运行机制	静态的，编译时将宏名替换为替换文本	动态的，运行时调用函数

使用带参数的宏时要注意运算符的优先级问题，否则可能出现错误（这种错误非常隐蔽，难以发现，需要特别注意），具体见下面的例子。

【例 6-2】带参数的宏定义（参见实训平台【实训 6-2】）。

（1）带参数的宏定义。

```
#include <stdio.h>
#define PI 3.1415926
#define AREA(r) PI * r * r   // 带参数的宏，宏名不能写成 AREA   (r)，宏名和圆括号之间不能有空格

void main(void) {
    double radius;
    printf("输入圆的半径：");
    scanf("%lf", &radius);

    printf("圆的面积是：{%f}\n", AREA(radius));
}
```

（2）带参数的宏定义中隐藏的错误。

```
#include <stdio.h>
#define PI 3.1415926
#define AREA(r) PI * r * r   // 这个带参数的宏本身没有错误，但宏替换后可能有错误

void main(void) {
    double radius;
    printf("输入圆环的内半径：");
    scanf("%lf", &radius);

    printf("宽为 5 的圆环的面积是：{%f}\n", AREA(radius+5) -AREA(radius));
}
```

运行结果如下：

```
输入圆环的内半径：10
宽为 5 的圆环的面积是：{-227.743334}
```

这个计算结果明显是错误的，面积不可能是负数。

原因出现在文本的替换上，AREA(radius+5) 被替换成 PI * radius+5 * radius+5，此处的运算优先级导致了错误的结果。

正确的替换结果应该是 PI * (radius+5) * (radius+5)，因此宏定义需要做相应的修改。

（3）完善宏定义。

```
// 改正错误后的宏定义
#define AREA(r) PI * (r) * (r)    // 宏定义加上括号后，可以保证替换为 PI * (radius+5) * (radius+5)
```

6.2 文件包含指令

文件包含指令就是#include 指令，从第一节课开始就陪伴我们了。

文件包含指令是将一个文件原封不动地插入到#include 指令所在的位置。一条#include 指令只能包含一个文件，如果要包含多个文件，就需要多条用#include 指令来实现。

语法格式如下：

```
#include <文件名>
#include "文件名"
```

文件名用尖括号括起来的，表示系统文件；用双引号引起来的，表示用户自己编写的文件。无论是哪一种，默认的后缀都是.h。

文件包含指令是 C 程序中不可缺少的，它的用途主要是在以下两个方面：

- 引用库函数时，必须用#include 指令包含库函数的函数原型等。
- 进行团队合作时，引用自己或他人编写的代码，也应该用#include 指令包含相应的函数原型。

6.2.1 包含系统头文件

第 5 章介绍了 3 类函数：C 库函数、第三方库函数和自定义函数。当使用 C 库函数时，就需要包含系统头文件。

包含系统头文件的作用是将 C 提供的代码嵌入到用户编写的文件中。下面用一个最简单的例子来演示这个过程。

【例 6-3】包含系统头文件（参见实训平台【实训 6-3】）。

即使是一个最简单的程序，其包含的文件也是非常复杂的。这个实训将显示 stdio.h 文件的全部代码，并尝试用这些代码来替换文件包含指令。

```
#include <stdio.h>        // 在 Jitor 校验器中打开并阅读 stdio.h 文件，理解包含的作用

void main(void) {
    printf("Hello, world!\n");
}
```

6.2.2 包含自定义头文件

可以简单地将包含自定义头文件理解为根据一定的目的将原来的源代码文件分为两个文件，其中一个文件包含另一个文件。头文件的内容通常是函数原型，本书为了演示，在头文件中用了函数定义，这是不规范的。规范的使用方法见"6.3.3 实例详解：文件包含与条件编译"。

【例 6-4】包含自定义头文件（参见实训平台【实训 6-4】）。

（1）原来的源代码文件。

```
#include <stdio.h>

int add(int a, int b){
    return a + b;
}

void main(void) {
    int a, b;

    printf("输入两个整数：");
    scanf("%i %i", &a, &b);

    printf("两数和是 {%i}\n", add(a, b));
}
```

（2）将 add 函数独立出来，作为自定义头文件（my_head.h）。

```
// 简单地将 add 函数移到 my_head.h 头文件中
int add(int a, int b){
    return a + b;
}
```

（3）在原来的文件中包含自定义头文件。

```
#include <stdio.h>       // 系统提供的头文件名用尖括号括起来
#include "my_head.h"     // 自定义头文件内含被移出去的代码（文件名用双引号引起来）
void main(void) {
    int a, b;

    printf("输入两个整数：");
    scanf("%i %i", &a, &b);

    printf("两数和是 {%i}\n", add(a, b));
}
```

6.2.3 文件包含的嵌套

文件包含还允许嵌套，即文件 1 包含文件 2，文件 2 再包含文件 3。

【例 6-5】文件包含的嵌套（参见实训平台【实训 6-5】）。

（1）头文件 1（my_head1.h）。

```
int add(int a, int b){
    return a + b;
}
```

（2）头文件 2（my_head2.h）。

```
#include "my_head1.h"   // 包含 my_head1.h
int sub(int a, int b){
    return a - b;
}
```

（3）主函数所在的文件。

```
#include <stdio.h>        // 系统提供的头文件名用尖括号括起来
#include "my_head2.h"    // 包含 my_head2.h，其又包含 my_head1.h
void main(void) {
    int a, b;

    printf("输入两个整数：");
    scanf("%i %i", &a, &b);

    printf("两数和是 {%i}\n", add(a, b));    // 在 my_head1.h 中
    printf("两数差是 {%i}\n", sub(a, b));    // 在 my_head2.h 中
}
```

6.3 条件编译指令

6.3.1 条件编译

1. 条件编译指令

条件编译是将符合条件的源代码编译到机器码中，而直接丢弃不符合条件的源代码，不会编译到机器码中。条件编译的语法格式如下：

```
#ifdef 宏名
    // 代码段 1
#else
    // 代码段 2
#endif
```

意思是如果宏名已经被定义，则编译代码段 1，否则编译代码段 2。

条件编译有点像条件语句，但它们也有本质区别，见表 6-3。

表 6-3　条件编译与条件语句的比较

比较项	条件编译	条件语句
依据的条件	宏名是否已被定义	表达式是否为真

语法格式	#ifdef 宏名
	// 代码段 1
	#else
	// 代码段 2
	#endif
		if(表达式){
		// 代码段 1
		}else{
		// 代码段 2
		}

代码缩进	永远顶格	根据嵌套层数代码缩进
运行机制	静态的，编译时决定	动态的，运行时决定
是否编译到可执行文件中	只编译其中一段代码到可执行文件中	所有代码都编译到可执行文件中

2. 条件编译的用途

条件编译的用途主要有以下两个：

● 解决不同平台的兼容性问题。例如要编写兼容 Windows 和 Linux 平台的程序，会有极少数源代码在不同平台上是不同的，可以通过条件编译来解决这个问题，在不同的平台下编译，编译不同的代码到可执行文件中。这种情况在嵌入式和底层驱动的开发中比较常见。

● 解决文件包含中的重复包含问题，参见 6.3.2 节。

6.3.2 条件编译与文件包含

条件编译可以用来解决文件包含中出现的重复包含问题，下面给出具体例子。

【例 6-6】条件编译（参见实训平台【实训 6-6】）。

（1）条件编译和条件语句的比较。

```
#include <stdio.h>
#define DEBUG      // 宏定义

void main(void) {
    int debug;
    printf("输入调试模式：");
    scanf("%i", &debug);

    // 条件语句，根据变量的值决定是否输出
    if(debug){
        printf("{条件语句：调试模式}：打印出各个变量的值...\n");
    }

// 条件编译，根据宏定义是否存在决定是否将这行语句编译到可执行文件中
#ifdef DEBUG
    printf("{条件编译：调试模式}：打印出各个变量的值...\n");
#endif
}
```

（2）文件包含中的问题（一）：header3.h 的头文件（缺少条件编译）。

```
int add(int x, int y){
    return x + y;
}
```

（3）文件包含中的问题（二）：主函数所在的文件（重复包含同一个文件）。

```
#include <stdio.h>
#include "header3.h"
#include "header3.h"      // 第二次包含，就有了重复的同名 add 函数，将出现编译错误

void main(void) {
    printf("调用 add 函数：{%i}\n", add(3, 5));
}
```

（4）用条件编译来解决文件包含中的问题：header3.h 加上条件编译。

```
#ifndef HEADER3_H_   // 如果不存在 HEADER3_H_。通常在文件的第一行，宏名用文件名
#define HEADER3_H_   // 定义它

int add(int x, int y){   // 第二次及第 n 次包含时就不会编译这部分，避免了同名函数
```

```
        return x + y;
}
```

#endif /*HEADER3_H_*/ // 文件的最后一行

当第一次包含 header3.h 时，由于还没有宏定义 HEADER3_H_，因此 add 函数被包含进来，再次包含 header3.h 时，由于宏定义 HEADER3_H_ 已经存在，因此 add 函数不会再次被包含。

6.3.3 实例详解：文件包含与条件编译

文件包含与条件编译

一个项目通常由多个源代码文件组成，每个文件保存同类用途的函数。在调用这些函数的文件中还需要编写函数原型。

通常将函数定义保存在源代码文件中，将函数原型保存在头文件中。需要时，再将头文件包含到当前文件中，这就是文件包含处理。因此，处理的过程如下：

（1）将函数定义分门别类地保存到单独的源代码文件中（.cpp）。

（2）为每个文件写一个头文件（.h），内容是对应文件中函数定义的函数原型。

（3）在需要调用这些函数的源代码文件中包含头文件就能正确地调用函数，满足先声明后使用的原则。

【例 6-7】实例详解：文件包含与条件编译（参见实训平台【实训 6-7】）。

【例 5-13】说明了函数与源代码文件的关系，采用文件包含技术和条件编译时，这个例子变得更完美，如图 6-1 所示。

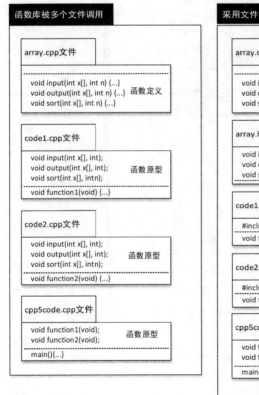
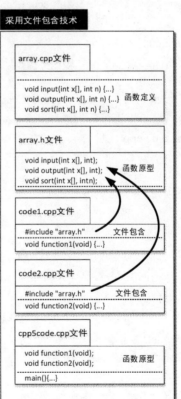

图 6-1　采用文件包含技术建立文件之间的联系

图 6-1 中的左侧图与图 5-3 中的右侧图完全相同，图 6-1 中的右侧图采用了文件包含技术将函数原型保存到单独的文件 array.h 中，然后在 code1.cpp 和 code2.cpp 中不需要编写函数原型，而只需要包含头文件 array.h。

（1）array.cpp 文件。

```
// 代码与【例 5-13】中的 array.cpp 文件完全相同
// 省略代码
```

（2）array.h 文件（新的文件，用于保存函数原型）。

```
#ifndef ARRAY_H_    // 在 array.h 中，标准的写法是加上条件编译指令
// 防止重复包含以下内容
#define ARRAY_H_    // 宏定义使用文件名（大写）

void input(int x[], int n);      // 函数原型
void output(int x[], int n);     // 函数原型
void sort(int x[], int n);       // 函数原型

#endif /* ARRAY_H_ */
```

（3）code1.cpp 文件。

```
#include "array.h"   // 包含自定义的头文件
void function1(void){
    // 此处代码与【例 5-13】中的 code1.cpp 文件完全相同
}
```

（4）code2.cpp 文件。

```
#include "array.h"   // 包含自定义的头文件
void function2(void){
    // 此处代码与【例 5-13】中的 code2.cpp 文件完全相同
}
```

（5）cpp5code.cpp 文件。

```
// 代码与【例 5-13】中的 cpp5code.cpp 文件完全相同
// 省略代码
```

这是大型项目的标准文件架构，文件之间的关系可以使整个程序的结构清晰，提高可读性和可维护性。

6.4 综合实训

1.【Jitor 平台实训 6-8】编写一个带参数的宏 MAX，返回两个参数中较大的一个数。
2.【Jitor 平台实训 6-9】一个项目中有两个文件：lib.cpp 和 cpp6code.cpp。
文件 lib.cpp 的内容如下：

```
int add(int a, int b){
    return a+b;
}

int sub(int a, int b){
```

```
        return a-b;
}
```

含有主函数的文件 cpp6code.cpp 的内容如下：

```
#include <iostream.h>

void main(void){
    printf("两数和是{%i}\n", add(5, 6));
    printf("两数差是{%i}\n", sub(5, 6));
}
```

为 lib.cpp 编写一个头文件 lib.h，头文件中加上条件编译，使整个项目能够正常运行。注意，不能修改或删除原有的任何代码，只能增加代码。

第 7 章　指针与引用

本章所有实训可以在 Jitor 校验器的指导下完成。

7.1　指针变量

先了解一下什么是内存和外存，见表 7-1。

表 7-1　内存和外存的比较

比较项	内存	外存
全称	内部存储器	外部存储器
特点	读写速度快，断电后数据立即消失	读写速度慢，断电后数据不丢失
用途	保存运行中的程序和变量的值	保存文件（包括程序文件）
物理介质	计算机内的内存条	硬盘、U 盘

本章讨论变量在内存中是如何处理的，第 9 章将讨论如何在外存中处理文件。

内存地址（简称地址）是内存中位置的编号，这个编号是连续的，用一个 32 位的无符号整数表示。例如 0x0019FF3C 是一个地址，表示一个字节（8 位）数据的地址。

指针变量（简称指针）是一个保存地址的变量，指针变量的值是地址，例如 0x0019FF3C。

指针指向的值是内存中指针地址的位置保存的值，可能是一个字符，如字符 'a'（1 个字节，0x61），也可能是一个整数 12（4 个连续的字节，0x0000000c）。

每个普通变量有一个名字、对应的地址及在该地址上的值，就像信报箱上有住户的名字、门牌号码和里面的邮件，如图 7-1 所示。

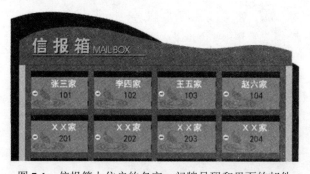

图 7-1　信报箱上住户的名字、门牌号码和里面的邮件

每个指针变量也有一个名字、对应的地址及在该地址上的值，但是该值是一个地址，这个地址有对应的值，这个值才是我们真正关心的值。就像信报箱上有住户的名字、门牌号码和里面的邮件，但是这个邮件是一份领取邮件通知单，要到通知单上指定的地点去领取真正的邮件。

可以说，指针变量就像是一个专门存放领取邮件通知单的变量。

对于如下程序：

```
int a = 123;
int* p = &a;
printf(*p);
```

指针变量 p 与普通变量 a 的关系如图 7-2 所示，在某个地址（图中的 0x0019FF3C）保存了变量 a 的值 123，指针变量 p 则保存了变量 a 的地址。通过变量 a 的名字可以直接访问 123 这个值，而通过指针 p 可以间接访问 123 这个值，因此输出*p 的值就是变量 a 的值，即 123。

通常我们无须关心指针 p 的地址（图中的 0x0019FF38）。

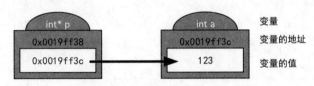

图 7-2　指针变量 p 与普通变量 a 的关系

指针与普通变量

7.1.1　指针变量与普通变量

在开始学习指针时，都是将指针与普通变量（包括数组）联系起来使用的。在 7.9 节将讲解如何独立地使用指针。

定义指针的语法格式如下：

> 数据类型* 指针变量名;

为指针变量赋值的语法格式如下：

> 指针变量名 = &普通变量名;

引用指针变量的语法格式如下：

> *指针变量名 = 值;

使用指针时，注意以下几点：

- 在定义时，星号（*）用于定义指针变量，表示定义的是一个指针。
- 符号&是取地址运算符，可以得到变量的地址。
- 在引用时，星号（*）是取值运算符，表示引用的是指针指向的值。
- 在引用时，不加星号（*）表示引用的是指针的值本身，它永远是一个地址（32 位的无符号整数）。
- 指针在初始化之前不允许访问。这种指针称为野指针，对野指针的访问可能造成程序崩溃。

 　　星号（*）应用在以下场合：①乘法运算符；②定义指针变量；③取值运算符。后两种用途与指针有关。

因此，使用指针变量的 3 个步骤如下：

（1）定义一个指针变量：例如 int* p 定义了一个整型的指针变量 p。

（2）把变量地址赋值给指针：例如 p = &a 将事先定义好的变量 a 的地址赋值给指针。

（3）访问指针变量指向的值：例如 *p = 3 将整数 3 赋给 p 指向的空间，即变量 a。

【例 7-1】指针变量与普通变量（参见实训平台【实训 7-1】）。

```
1.    void main(void) {
2.        int a = 123;
3.        int b = 321;
4.        printf("变量 a 的值是 {%i}\n", a);
5.        printf("变量 b 的值是 {%i}\n\n", b);
6.
7.        int* p;              // 定义一个指针变量 p，*表示是一个指针
8.        p = &a;              // 把变量 a 的地址赋给指针，&是取地址运算符
9.
10.       // 访问指针变量的值（地址）和指针变量指向的值（我们关心的值）
11.       printf("指针 p 的值是 %x\n", p);            //p 的值是地址
12.       printf("指针 p 指向的值是 {%i}\n", *p);     // *p 的值是 123，*是取值运算符
13.
14.       p = &b;              // 可以动态地指向另一个变量 b
15.       printf("\n 指针 p 的值是 %x\n", p);          //p 的值是变量 b 的地址
16.       printf("指针 p 指向的值是 {%i}\n", *p);      // 此时*p 的值是 321
17.    }
```

运行结果如下（结果中地址的前导 00 被省略了）：

```
变量 a 的值是 {123}
变量 b 的值是 {321}

指针 p 的值是 19ff3c
指针 p 指向的值是 {123}

指针 p 的值是 19ff38
指针 p 指向的值是 {321}
```

参考图 7-3 来理解指针和变量之间的关系。第 8 行代码为指针赋值后，这时内存中 p、a 和 b 之间的关系如图 7-3 所示，p 是一个地址，值为 0x0019ff3c（这个值在不同机器上可能不同），这是变量 a 的地址，因此 p 指向的值*p 就是变量 a 的值，第 12 行代码输出 123。

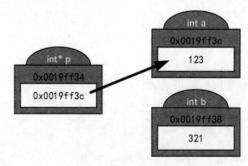

图 7-3　指针 p 指向变量 a

第 14 行代码赋给指针另外一个变量 b 的地址。这时内存中 p、a 和 b 之间的关系如图 7-4 所示，p 的值改为 0x0019ff38，这是变量 b 的地址，因此 p 指向的值*p 就是变量 b 的值，此时输出 321。

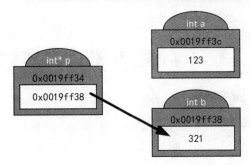

图 7-4　指针 p 改为指向另一个变量 b

指针与一维数组

7.1.2　指针变量与一维数组

指针的一个典型应用是对数组的处理。

当指针指向一个一维数组时，就是把一维数组变量的值（即数组首地址）赋值给指针，操作这个指针就如同操作这个数组，在许多情况下可以互换使用。

但是指向数组的指针有一个特别之处，即可以通过指针变量的增量（或减量）操作来指向下一个（或前一个）元素，从而访问当前指向的元素。

【例 7-2】指针变量与一维数组（参见实训平台【实训 7-2】）。

（1）用指针变量输出数组的元素。

```c
#include <stdio.h>

void main(void) {
    int a[] = {1, 2, 3, 4, 5};
    int *p;      //指针
    p = a;       //指向数组

    int i;
    printf("通过数组变量输出：\n");
    for(i=0; i<5; i++){
        printf("{%i}\t", a[i]);        //数组变量
    }
    printf("\n");

    printf("通过指针变量输出：\n");
    for(i=0; i<5; i++){
        printf("{%i}\t", p[i]);        //指针变量
    }
    printf("\n");
}
```

在代码中，p = a 这行代码将数组 a 的地址赋给了指针 p，指针 p 指向数组 a 的首地址，如图 7-5 所示。这时可以通过指针的索引值来访问数组的每一个元素。

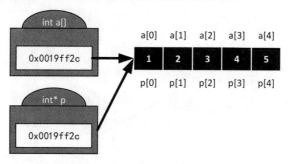

图 7-5　指针指向数组的首元素

（2）用指针变量输入数组的元素。

在上面代码的基础上增加从键盘读入数组元素的功能，通过指针 p 实现。

```
#include <stdio.h>

void main(void) {
    int a[5];
    int *p;
    p = a;

    int i;
    printf("通过指针变量输入：\n");
    for(i=0; i<5; i++){
        scanf("%i", &p[i]);          //指针变量
    }
    printf("\n");

    printf("通过指针变量输出：\n");
    for(i=0; i<5; i++){
        printf("{%i}\t", p[i]);      //指针变量
    }
    printf("\n");
}
```

（3）通过指针增量访问每一个元素。

在上面代码的基础上改为通过指针增量访问每一个元素。

```
#include <stdio.h>

void main(void) {
    int a[5];
    int *p;

    printf("通过指针变量输入：\n");
    for(p=a; p<a+5; p++){            //指针 p 初始化为数组 a 的首地址
        scanf("%i", p);             //指针变量
    }
```

```
        printf("\n");

        printf("通过指针变量输出：\n");
        for(p=a; p<a+5; p++){        //指针 p 再次初始化
            printf("{%i}\t", *p);    //指针变量
        }
        printf("\n");

}
```

在循环中，指针 p 依次指向数组的每一个元素，如图 7-6 所示。因此，可以直接通过*p 访问元素的值，而不需要通过索引来访问，这种访问数组元素的方式效率是最高的。

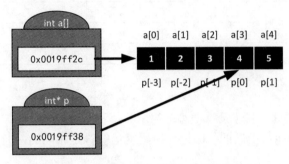

图 7-6　指针增量后指向其他元素

　　　　数组变量的值也是地址，但是这个值是不可变的，因此不能用增量的方式来访问数组元素，即不允许 a++，然后用*a 来访问每一个元素。

7.1.3　指针变量的运算

指针变量可以进行以下运算：

* 指针的赋值：将普通变量的地址或另一个指针的值赋给指针。
* 指针自增与自减：指针的值本身自增或自减，即指向下一个或前一个元素。
* 指针的加与减：与自增和自减的意义相同，跳到下 n 个或前 n 个元素。
* 指针的关系运算：比较指针的地址，通常只是比较两个指针是否相同，相同时表示指向的是同一个变量或元素。

【例 7-3】指针变量的运算（参见实训平台【实训 7-3】）。

只有当指针指向数组后，指针的运算才有意义。

```
#include <stdio.h>
void main(void) {
    int a[] = {1, 2, 3, 4, 5};
    int* p;

    // 将表 7-2 中的 4 组代码分别写在这里，看看结果是否与表中的说明相同


    // printf 输出语句自行编写

}
```

表 7-2　指针变量的运算

结果	代码			

	p = a;	p = a;
		p++;
		p++;
			p = a;
			p += 4;
			p--;
				p = a;
				p += 4;

p 的值	指向 a[0]	指向 a[2]	指向 a[3]	指向 a[4]
*p 的值	1	3	4	5
p[0]的值	1	3	4	5
p[1]的值	2	4	5	越界
p[-1]的值	越界	2	3	4
p == a+4 的值	0（假）	0（假）	0（假）	1（真）
p == &a[4]的值	0（假）	0（假）	0（假）	1（真）

7.1.4　指针指向的值的运算

7.1.3 节讲解了对指针变量本身（地址）的运算，下面讲解指针指向的值（数据）的运算。

对指针的运算与对指针指向的值的运算所用的运算符是相同的，但是含义上是有区别的，见表 7-3。

表 7-3　指针运算与指针指向的值的运算的区别

运算符	指针运算	指针指向的值的运算（以整型为例）
*	取值运算	乘法运算
&	取地址运算	位运算
++	指向下一个元素	指向的值自增 1
--	指向上一个元素	指向的值自减 1

对指针变量指向的值可以进行与其类型相同的运算。

● 当指向的值是普通变量时：对指向的值的运算与普通变量相同。

● 当指向的值是一维数组的元素时：对指向的值的运算与一维数组的元素相同。

【例 7-4】指针指向的值的运算（参见实训平台【实训 7-4】）。

（1）指向普通变量。

```
#include <stdio.h>
void main(void) {
    int a = 2;
    int* p = &a;

    *p = 5 * *p + 6;   // 相当于 a = 5 * a + 6
    printf("*p = {%i}\n", *p);
    printf(" a = {%i}\n", a);
}
```

（2）指向数组变量。

```
#include <stdio.h>
void main(void) {
```

```
        int a[] = {10 ,20 ,30 ,40 ,50};;
        int* p = a;

        printf(" {%i}\n", 5**p+2);          // 相当于 5*a[0]+2
        printf(" {%i}\n", 5*p[0]+2);         // 相当于 5*a[0]+2
        printf(" {%i}\n", 5*p[1]+2);         // 相当于 5*a[1]+2
}
```

　　　对指针指向的值的运算是对所指向的具体数据的运算，与一般的变量或数组元素的运算是相同的，而对指针的运算会使指针指向不同的内存空间。

7.1.5　指针运算的优先级

指针运算符有 4 个，它们的优先级相同，具有右结合性，见表 7-4。

表 7-4　指针运算

运算符	指针运算	结合性
*	取值运算	
&	取地址运算	右结合性
++（前置或后置）	指向下一个元素	
--（前置或后置）	指向上一个元素	

【例 7-5】指针运算的优先级（参见实训平台【实训 7-5】）。

（1）* 和 & 的混合运算。

```
#include <stdio.h>
void main(void) {
    int a = 3;        // 普通变量
    int* p = &a;
    printf("指针变量 p 的值 %x\n", p);

    printf("取地址后再取值 %x\n", *&p);        // 右结合性，先求地址再求值
    printf("取值后再取地址 %x\n", &*p);        // 右结合性，先求值再求地址

    printf("\n 普通变量 a 的值 {%i}\n", a);
    // 对于变量，只有在先取地址时，&和*才互逆，先求值则出错
    printf("取地址后再取值 {%i}\n", *&a);       // 右结合性，先求地址再求值
    printf("取值后再取地址: {%i}\n", &*a);      // 出错: 右结合性，先求值，但变量无法求值
}
```

改正最后一行的错误后运行结果如下：

```
指针变量 p 的值 0x0019FF3C
取地址后再取值 0x0019FF3C
取值后再取地址 0x0019FF3C

普通变量的值 {3}
取地址后再取值 {3}
取值后再取地址: 出错
```

可以看到，对于指针，&运算和*运算是互逆运算；对于普通变量，&运算和*运算也是互

逆运算，但不允许取值后再取地址。

（2）与增量的混合运算。

```
#include <stdio.h>
void main(void) {
    int a[] = {10, 20, 30 ,40, 50};        //数组
    int *p = a;
    int b;

    b = *p++;          // 将这一行代码分别用表 7-5 中的代码替换，分析结果是什么
    printf("p-a=%i\n", p-a, "\n");
    printf("b = {%i}\n", b);
    printf("*p= {%i}\n", *p);
    printf("a[0] = {%i}\n", a[0]);
    printf("a[1] = {%i}\n", a[1]);
}
```

表 7-5　指针运算优先级的例子

前置或后置	运算对象	代码	运行结果	说明

后置增量	指针	b = *p++;
		或
		b = *(p++);
			p-a=1
			b = {10}
			*p= {20}
			a[0] = {10}
			a[1] = {20}
				先将 p 指向的值赋给 b，然后 p 增量，指向下一个元素。相当于 b = *p; p++;

	指针指向值	b = (*p)++;	p-a=0 b = {10} *p= {11} a[0] = {11} a[1] = {20}	先将 p 指向的值赋给 b，然后 p 指向的值增量，p 仍然指向原来的元素。相当于 b = *p; a[0]++;

前置增量	指针	b = *++p;
		或
		b = *(++p);
			p-a=1
			b = {20}
			*p= {20}
			a[0] = {10}
			a[1] = {20}
				p 增量，指向下一个元素，然后将指向值赋给 b。相当于 p++; b = *p;

	指针指向值	b = ++*p;
		或
		b = ++(*p);
			p-a=0
			b = {11}
			*p= {11}
			a[0] = {11}
			a[1] = {20}
				p 的指向值增量，然后将指向值赋给 b。相当于 a[0]++; b = *p;

7.1.6　程序调试：变量、指针与内存

在 VC++ 6.0 中，通过调试代码可以从内存的变化中认识指针，理解指针变量和指针指向的值的区别，以及在内存中的关系。

【例 7-6】程序调试：变量、指针与内存（参见实训平台【实训 7-6】）。

在 Jitor 校验器中按照提供的每一步要求进行操作。

（1）观察变量、指针与内存。从 Jitor 实训项目中复制演示代码，然后设置断点，按照要求一步一步调试。观察指针的值（地址）和指针指向的值在内存中的表示，如图 7-7 和图 7-8 所示。

调试用代码如下：

```
#include <stdio.h>
void main(void) {
    int a = 0x12345678;    // 十进制是 305419896，内存中的排列是 78 56 34 12
    int *p = &a;

    printf("p = {%x}\n", p);   // 断点设置在这一行
    printf("a = {%x}\n", a);
}
```

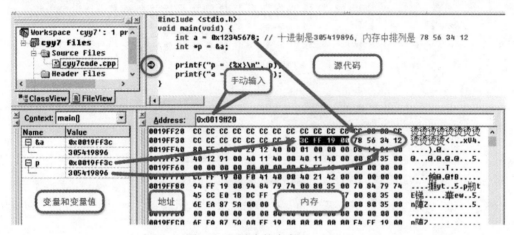

图 7-7　调试中的内存（一）

图 7-7 中 Address 的值 0x0019ff20 是手动输入的，是一个比变量 a 地址值小一点的值，末尾数改为 0，即将后两位从 3c 改为 20。

 打开内存显示窗口的快捷键是 Alt＋6，而不是 Alt＋F6。

图 7-7 中 p 的值（地址）0x0019ff3c 是变量 a 的地址，在内存区域显示为 3c ff 19 00（内存中字节的排列相反），它指向的值是变量 a 的值，十六进制表示为 0x12345678，在内存区域显示为 78 56 34 12（此处的地址是 0x0019ff3c），用十进制表示为 305419896，如图 7-8 所示。

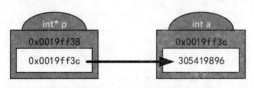

图 7-8　内存中指针 p 与变量 a 之间的关系（一）

（2）修改内存中指针指向的值。修改内存中指针指向的值（如改为 123），观察相应变量的变化，理解它们之间的关系，如图 7-9 和图 7-10 所示。

指针 p 指向的值在调试器中可以手动修改，图 7-9 显示的是将其修改为 123，十六进制是

0x0000007b，同时 a 的值就成为 123（同一个内存空间）。结果如图 7-10 所示。

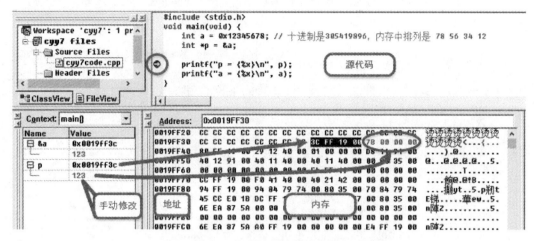

图 7-9　调试中的内存（二）

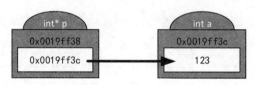

图 7-10　内存中指针 p 与变量 a 之间的关系（二）

（3）修改内存中指针的值。修改内存中指针的值是极其危险的做法，这个例子仅仅用于演示。

将指针 p 的值（地址）改为 0x0019ff5c，此时 p 指向的值是一个不确定数，内存中显示为 0x00358000（十进制 3506176），如图 7-11 和图 7-12 所示。

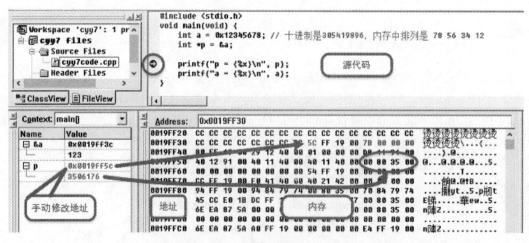

图 7-11　调试中的内存（三）

修改了指针 p 的值后，变量 a 与指针 p 之间没有关系，结果如图 7-12 所示。

通过调试技术，从内存中可以观察到普通变量与指针变量的区别，见表 7-6。

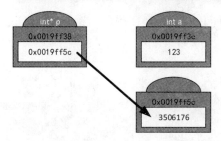

图 7-12　内存中指针 p 指向一个不确定的位置

表 7-6　普通变量与指针变量的区别

比较项	普通变量	指针变量
名字、地址和值	有名字、地址和值	有名字、地址和值
值的性质	数据	地址，指向数据
值是否可改	可以	可以
修改值的结果	修改数据本身	修改地址，指向新的数据
是否有指向值	否	有

7.2　指针与数组

7.2.1　一维数组与指针

在内存中，一维数组的元素是按顺序排列的。在代码中，可以通过数组名来访问每个元素的值及输出每个元素的地址，见表 7-7。

表 7-7　一维数组的首元素地址、元素地址和元素值

类别	项目	表示方式
地址	首元素地址（也是一维数组变量的值）	a、&a[0]
	元素 a[i] 的地址	&a[i]、a+i
值	元素 a[i] 的值	a[i]、*(a+i)

图 7-13 中的 p 是一个指针，指向数组 a 的首元素。此时可以有 5 种方法访问元素，例如访问索引值为 i 的元素的方法是 a[i]、*(a+i)、p[i]、*(p+i)，还有一种方法是先将 p 自增 i 次，然后访问 p 指向的值（即 p++;...; *p）。

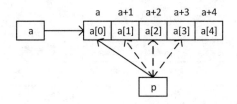

图 7-13　指针和数组（虚线表示改变指针的指向）

可以看到，数组名与指针名可以互换，说明数组和指针都是地址，但它们还是有区别的：数组的值（地址）不允许改变（不允许 a++），而指针的值（地址）可以改变，通过 p++ 可以指向不同的元素。

【例 7-7】一维数组与指针（参见实训平台【实训 7-7】）。

```c
#include <stdio.h>
#define N 5

void main(void) {
    int a[] = {1,2,3,4,5};
    int i;

    printf(" 元素地址    值\n");
    for(i=0; i<N; i++){
        printf("%x --> %i\n", &a[i], a[i]);        // 使用数组变量的索引值
    }

    printf(" 元素地址    值\n");
    for(i=0; i<N; i++){
        printf("%x --> %i\n", a+i, *(a+i));        // 使用数组变量的地址
    }

    printf(" 元素地址    值\n");
    int* p;
    p = a;
    for(i=0; i<N; i++){
        printf("%x --> %i\n", &p[i], p[i]);        // 使用指针变量的索引值
    }

    printf(" 元素地址    值\n");
    p = a;
    for(i=0; i<N; i++){
        printf("%x --> %i\n", p+i, *(p+i));        // 使用指针变量的地址
    }

    printf(" 元素地址    值\n");
    for(int* p1=a; p1<p+N; p1++){ // 另外定义一个独立的指针
        printf("%x --> %i\n", p1, *p1);            // 使用指针，依次指向每一个元素
    }
}
```

这个例子采用了 5 种方式访问一维数组（表 7-8），这些方式的运行结果相同。

表 7-8   5 种访问一维数组元素的方式

访问方式	数组元素地址	数组元素值	说明
使用数组变量的索引值	&a[i]	a[i]	对一维数组和指针可以用相同的方式进行操作
使用数组变量的地址	a+i	*(a+i)	

续表

访问方式	数组元素地址	数组元素值	说明
使用指针变量的索引值	&p[i]	p[i]	对一维数组和指针可以用相同的方式进行操作
使用指针变量的地址	p+i	*(p+i)	
使用另一个指针，进行增量（p1++）	p1（指向数组元素）	*p1	效率最高

7.2.2　二维数组与指针

在内存中，与一维数组相同，二维数组的元素在物理上是按顺序排列的，但在逻辑上二维数组是按行和列排列的。

在代码中，可以通过数组名访问每个元素的值及输出每个元素的地址，见表 7-9。

表 7-9　二维数组的行地址、行首地址、元素地址和元素值

类别	项目	表示方式
地址	第 i 行的行地址（第 i 行的地址）	a+i、&a[i]
	第 i 行的行首地址（第 i 行第 0 列的地址）	a[i]、*(a+i)、&a[i][0]
	元素 a[i][j]的地址（第 i 行第 j 列的地址）	&a[i][j]、a[i]+j、*(a+i)+j、&a[i][0]+j
值	第 i 行第 j 列元素的值	a[i][j]、*(a[i]+j)、*(*(a+i)+j)、*(&a[i][0]+j)

行地址和行首地址是不同的概念（但两者的地址值是相同的），行地址是指向整行（二维数组的一行，该行是一维数组）的地址，行首地址是指向某行的首元素（是一个元素）的地址，如图 7-14 所示。

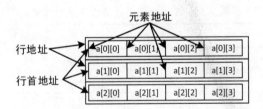

图 7-14　二维数组的行地址、行首地址和元素地址示意

【例 7-8】二维数组与指针（参见实训平台【实训 7-8】）。

```
#include <stdio.h>
#define N 2
#define M 3

void main(void) {
    int a[N][M] = {{1,2,3}, {4,5,6}};
    int i,j;

    printf("\n  行列  行首地址  元素地址  值\n");
    for(i=0; i<N; i++){
        for(j=0; j<M; j++){   // 高低维都用索引
            printf("a[%i][%i] %x--> %x -->{%i}\n", i, j, a[i], &a[i][j], a[i][j]);
```

```
        }
    }
    printf("\n  行列  行首地址  元素地址  值\n");
    for(i=0; i<N; i++){
        for(j=0; j<M; j++){  // 只有高维用索引
            printf("a[%i][%i] %x--> %x -->{%i}\n", i, j, a[i], a[i]+j, *(a[i]+j));
        }
    }

    printf("\n  行列  行首地址  元素地址  值\n");
    for(i=0; i<N; i++){
        for(j=0; j<M; j++){  // 高低维都不使用索引
            printf("a[%i][%i] %x--> %x -->{%i}\n", i, j, *(a+i), *(a+i)+j, *(*(a+i)+j));
        }
    }

    printf("\n  行列  行首地址  元素地址  值\n");
    for(i=0; i<N; i++){
        for(j=0; j<M; j++){  // 取地址后再取值
            printf("a[%i][%i] %x--> %x -->{%i}\n", i, j,&a[i][0],&a[i][0]+j,*(&a[i][0]+j));
        }
    }
}
```

这个例子采用了 4 种方式访问二维数组，见表 7-10，这些方式的结果相同。

表 7-10　4 种访问二维数组元素的方式

访问方式	行首地址	数组元素地址	数组元素值
高低维都用索引	a[i]	&a[i][j]	a[i][j]
只有高维用索引	a[i]	a[i]+j	*(a[i]+j)
高低维都不使用索引	*(a+i)	*(a+i)+j	*(*(a+i)+j)
取地址后再取值	&a[i][0]	&a[i][0]+j	*(&a[i][0]+j)

7.2.3　字符数组与字符指针

字符数组可以存放字符串，逐个处理字符数组中的字符时，前面讲解的指针与数组之间的关系也适用于字符数组，但是字符指针还有一些特殊之处。

字符数组初始化的语法格式如下：

char 字符数组名[] = "字符串常量";

字符指针初始化的语法格式如下：

char* 字符指针名 = "字符串常量";

两者在语法格式上相似，但是两者的运行机制不同。

● 字符数组是将字符串保存到为数组分配的存储空间中。

● 字符指针是先将字符串保存到内存的某个存储空间中（这个空间是只读的，不允许修改），然后将这个空间的地址赋给字符指针。

字符数组与字符指针的比较见表 7-11。

表 7-11　字符数组与字符指针的比较

| 比较项 | 字符数组
以 char s[] = "Hello!"为例 | 字符指针（以 char* pc 为例） | |
		指向字符数组 char s[80]; pc = s;	指向字符串 pc = "Hello!";
分配内存	分配 7 个字节	分配 4 个字节的地址	分配 4 个字节的地址
初始化的含义	字符串存入数组存储空间	指针指向字符数组	指针指向字符串
改变值	值不能改变，永远指向首地址。例如 s = "Hi!"; 是错的	值可以改变，重新指向字符数组或字符串。例如 pc = "Hi!"; 是允许的	
改变指向的值	可以改变字符数组元素的值。例如 s[0] = 'h'; 或 pc[0] = 'h'; 是允许的		不允许改变字符串元素的值。例如 pc[0] = 'h'; 是错的
	可以从键盘输入（只要不越界）		不允许从键盘输入
输出	可以直接输出		

从表 7-11 可以看出，虽然字符指针可以动态地指向字符数组或字符串，但是指向字符数组时与指向字符串时有所不同。

● 字符指针指向一个字符串后，这个指向的值（字符串）不能改变，也不能从键盘输入。
● 字符指针指向一个字符数组后，这个指向的值（字符数组）可以改变，既可以从键盘输入，也可以修改数组的元素的值。

【例 7-9】字符数组与字符指针（参见实训平台【实训 7-9】）。

（1）初始化的比较。

```
#include <stdio.h>
void main(void) {
    // 初始化含义不同
    char str[] = "Hello,world!";    // 定义并初始化字符数组，字符串存入数组存储空间
    char* pstr1 = str;              // 定义并初始化字符指针，指向字符数组
    char* pstr2 = "C Files.";       // 定义并初始化字符指针，指向字符串，字符串保存在某个位置

    // 输出它们
    printf("{%s}\n", str);
    printf("{%s}\n", pstr1);
    printf("{%s}\n", pstr2);
}
```

（2）值的改变。

```
#include <stdio.h>
void main(void) {
    char str[] = "Hello,world!";
    char* pstr = "C Files.";

    str = "abc";    // 错误：值不能改变，永远指向首地址
```

```
            str = pstr;      // 错误：值不能改变，永远指向首地址

            pstr = str;      // 值可以改变，重新指向字符数组
            pstr = "abc";    // 值可以改变，重新指向字符串
}
```

（3）指向的值的改变。

```
#include <stdio.h>
void main(void) {
        // 字符数组的操作
        char str[] = "Hello,world!";
        str[0] = 'h';       // 可以改变字符数组元素的值
        printf("{%s}\n", str);
        printf("输入 str 字符串：");
        gets(str);          // 也可以从键盘输入
        printf("{%s}\n", str);

        // 字符指针指向字符串后
        char* pstr = "C Files.";
        pstr[0] = 'c';      // 错误：不允许改变字符串元素的值（程序崩溃）
        gets(pstr);         // 错误：不允许从键盘输入（程序崩溃）
        printf("{%s}\n", pstr);

        // 同一个字符指针指向字符串数组后
        char s[80] = "C Files.";
        pstr = s;
        pstr[0] = 'c';      // 可以改变字符数组元素的值
        printf("{%s}\n", pstr);
        printf("输入 pstr 字符串：");
        gets(pstr);         // 也可以从键盘输入
        printf("{%s}\n", pstr);
}
```

7.3 指针与函数参数

传值调用和传指针调用

7.3.1 传指针调用——指针变量作为函数参数

5.2.1 节中提出了一个问题：函数内对形参的改变如何改变函数外实参变量的值。

如果将传值调用改为传指针调用，就可以很好地解决这个问题。下面的例子就是函数调用中参数传递的第二种方式——传指针（地址）调用。

【例 7-10】传指针调用（参见实训平台【实训 7-10】）。

（1）回顾【实训 5-7】传值调用的 swap 函数。

```
#include <stdio.h>

void swap(double, double);
```

```
void main(void) {
    double x, y;
    printf("输入两个实数：");
    scanf("%lf %lf", &x, &y);

    printf("调用前  x={%lf}, y={%f}\n", x, y);
    swap(x, y);
    printf("调用后  x={%lf}, y={%f}\n", x, y);
}

void swap(double p, double q){
    printf("swap 函数内，交换前  p={%f}, p={%lf}\n", p, q);
    double t = p;
    p = q;
    q = t;
    printf("swap 函数内，交换后  p={%f}, p={%lf}\n", p, q);
}
```

运行结果如下，调用后实参的值没有交换：

```
输入两个实数：3 4
调用前  x={3.000000}, y={4.000000}
swap 函数内，交换前  p={3.000000}, p={4.000000}
swap 函数内，交换后  p={4.000000}, p={3.000000}
调用后  x={3.000000}, y={4.000000}
```

（2）改为传指针调用的 swap 函数。

```
// 要修改下述 3 个部分，其余代码与上述代码相同
// 1. 函数原型
void swap(double*, double*);          // 形参是指针

// 2. 主函数中调用的方式
    swap(&x, &y);                     // 实参是地址

// 3. 函数定义及函数体中对指针的引用
void swap(double* p, double* q){
    printf("swap 函数内，交换前  p={%f}, p={%f}\n", p, q);
    double t = *p;
    *p = *q;                          // 交换的是指针指向的值
    *q = t;
    printf("swap 函数内，交换后  p={%f}, p={%f}\n", p, q);
}
```

运行结果如下，调用后实参的值交换过了：

```
输入两个实数：3 4
调用前  x={3.000000}, y={4.000000}
swap 函数内，交换前  p={3.000000}, p={4.000000}
swap 函数内，交换后  p={4.000000}, p={3.000000}
调用后  x={4.000000}, y={3.000000}
```

表 7-12 是传值调用与传指针调用的比较。

表 7-12　传值调用与传指针调用的比较

比较项	传值调用	传指针调用
函数原型	void swap (float p, float q)	void swap (float *p, float *q)
函数体	p = q;	*p = *q;
调用方式	swap (x, y);	swap (&x, &y);
运行结果	不改变外部实参变量的值	改变外部实参变量的值

图 7-15 和图 7-16 从内存的变量上比较传值调用与传指针调用的区别。

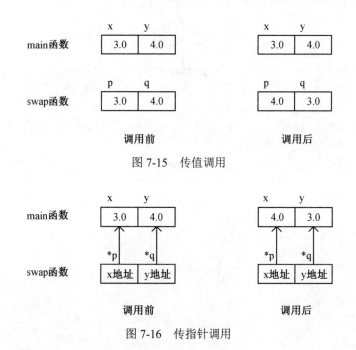

图 7-15　传值调用

图 7-16　传指针调用

传指针调用的编写需要注意以下 3 个细节:
- 函数定义时,形参为指针,数据类型不变。
- 函数调用时,实参为变量的地址(也可能是指针)。
- 函数内部,原来对变量的操作改为指针指向的值操作。

一般有多个参数时,只将需要改变值的参数改为传指针,对不需要改变值的参数仍保留传值。尽量用传值的方式,因为传值更安全,不会改变外部实参的值。

7.3.2　一维数组与指针作为函数参数

在【例 7-7】中讲解过可以用相同的方式操作一维数组和指向一维数组的指针,因为它们保存的都是地址,唯一的区别是数组的地址不可改变。因此下述 4 种方式是等效的。
- 函数的形参为数组,实参为数组名。
- 函数的形参为指针变量,实参为数组名。

- 函数的形参为数组，实参为指针变量。
- 函数的形参为指针变量，实参为指针变量。

【例 7-11】一维数组与指针作为函数参数（参见实训平台【实训 7-11】）。

（1）形参为数组，实参为数组名。

```
#include <stdio.h>
// 函数定义
int max(int array[], int n){
    int max = array[0];
    for(int i=1; i<n; i++){
        max = max>array[i]?max:array[i];
    }
    return max;
}


void main(void) {
    int a[5];
    int* p = a;

    printf("输入 5 个整数：");
    for(int i=0; i<5; i++){
        scanf("%i", &a[i]);
    }

    // 函数调用（主函数内）
    int m = max(a, 5);
    printf("max = {%i}\n", m);
}
```

（2）形参为指针变量，实参为数组名。

```
// 函数定义
int max(int* array, int n){
    // 函数体
}

// 函数调用（主函数内）
int m = max(a, 5);
```

（3）形参为指针变量，实参为指针变量。

```
// 函数定义
int max(int* array, int n){
    // 函数体
}

// 函数调用（主函数内）
int m = max(p, 5);
```

（4）形参为数组，实参为指针变量。

```
// 函数定义
int max(int array[], int n){
```

```
        // 函数体
    }
```

```
// 函数调用（主函数内）
int m = max(p, 5);
```

观察运行结果，可以发现结果是相同的。当一维数组或指针作为函数参数时，数组与指针可以互换使用，但是只限于一维数组。

7.3.3　字符串复制函数

用字符数组或字符指针作函数参数时，字符数组与字符指针同样可以互换使用。下面的例子演示了两种形式的字符串复制和多种调用方式。

【例 7-12】字符串复制函数（参见实训平台【实训 7-12】）。

（1）数组版本的字符串复制函数。

```
void a_strcpy(char d[], char s[]) {        // 数组版本的字符串复制函数
    int i = 0;
    while(d[i] = s[i++]);
}
```

（2）指针版本的字符串复制函数。

```
void p_strcpy(char *d, char *s) {        // 指针版本的字符串复制函数
    while(*d++ = *s++);
}
```

（3）多种调用方式。

```
void main(void) {
    char str1[80];
    char str2[80];
    char* pstr1 = str1;
    char* pstr2 = str2;

    printf("输入一个字符串：");
    gets(str1);

    // 可以使用以下调用方式
    // 调用数组版本的字符串复制函数
    a_strcpy(str2, str1);
    a_strcpy(pstr2, pstr1);
    a_strcpy(pstr2, str1);
    a_strcpy(str2, pstr1);

    // 调用指针版本的字符串复制函数
    p_strcpy(str2, str1);
    p_strcpy(pstr2, pstr1);
    p_strcpy(pstr2, str1);
    p_strcpy(str2, pstr1);
```

```
    pstr2 = "C Programming.";
    // 以下都是错误的，因为此时 pstr2 指向了字符串，导致程序崩溃
    a_strcpy(pstr2, pstr1);
    a_strcpy(pstr2, str1);
    p_strcpy(pstr2, pstr1);
    p_strcpy(pstr2, str1);

    // 结果都是相同的
    printf("复制结果 {%s}\n", str2);
}
```

指针版本的字符串复制函数可读性好、效率高，是最佳选择。

7.4　指针数组与数组指针

7.4.1　指针数组——每个元素都是指针

在第 4 章中讨论了数组，它的元素是整型或其他基本数据类型。如果数组的元素是指针，那么这个数组称为指针数组。定义指针数组的语法格式如下：

数据类型* 指针数组名[数组长度];

如图 7-17 所示，左图是 4 个独立的指针，右图是拥有 4 个元素的指针数组，但每个元素都是指针。

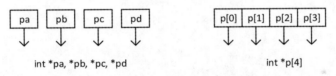

图 7-17　4 个独立的指针变量（左）和 4 个元素的指针数组（右）

下面的例子用指针数组实现排序，它的优点是不改变原有数组中的元素顺序。

【例 7-13】指针数组（参见实训平台【实训 7-13】）。

```
#include <stdio.h>
void sort(int *a[], int n);    // 参数是指针数组

void main(void) {
    int a[6];
    int n = 6;

    printf("输入 6 个数组元素：");
    for(int i=0; i<n; i++){
        scanf("%i", &a[i]);
    }

    // 定义指针数组，用于保存排序结果，并初始化每个元素
    int *p[6];
    for(i=0; i<n; i++){
```

```
        p[i] = &a[i];    // 初始化每个指针
    }

    sort(p, n);   // 调用排序函数，第一个参数传入的是指针

    // 排序之后输出原始数据及排序的结果
    printf("原始的数组元素是：");
    for(i=0; i<n; i++){
        printf("{%i}\t", a[i]);
    }
    printf("\n");

    printf("排序后数组元素是：");
    for(i=0; i<n; i++){
        printf("{%i}\t", *p[i]);    // 访问指针指向的值
    }
    printf("\n");
} // 3 4 5 1 2 6

// 冒泡排序法函数，参数改为指针数组
void sort(int *a[], int n){
    for(int i=0; i<n-1; i++) {
        for(int j=0; j<n-1-i; j++) {
            if(*a[j] > *a[j+1]) { // 比较的是指针指向值
                int* tmp = a[j];    // 交换的指针值
                a[j] = a[j+1];
                a[j+1] = tmp;
            }
        }
    }
}
```

排序前，指针数组 p 与数组 a 是一一对应的，排序函数只对指针数组 p 进行排序（排序时交换的不是指针指向的值，而是指针数组中指针的值，即地址），因此排序后，指针数组 p 指向的值是经过排序的，而数组 a 本身保留了原来的顺序，如图 7-18 所示。

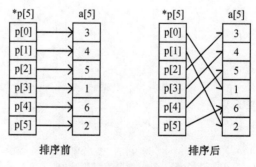

图 7-18　用指针数组实现排序

7.4.2 数组指针——指向数组的指针

整数指针是一个指向整数变量的指针，双精度数指针是一个指向双精度变量的指针，数组指针就是一个指向数组的指针。定义数组指针的语法格式如下：

数据类型 (*数组指针名)[数组长度];

数组指针的赋值语法格式如下（指向一维数组）：

数组指针名 = &一维数组名;　　// 一维数组的地址（不是首元素地址）

或者（指向二维数组的第 i 行）。

数组指针名 = &二维数组名[i];　　// 二维数组的第 i 行的行地址（不是行首地址）

数组指针名 = 二维数组名 + i;　　// 二维数组的第 i 行的行地址的另一种写法

数组指针的引用格式如下：

(*数组指针名) [索引值];

数组指针是一个指针，它指向的不是普通变量（整型、字符型等），而是数组（整型数组、字符数组等），如图 7-19 所示。

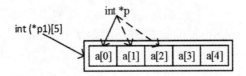

图 7-19　整数指针 p 和整数数组指针 p1

普通指针与数组指针的区别见表 7-13。

表 7-13　普通指针与数组指针的区别

比较项	普通指针	数组指针
指向的值的类型	整型、双精度型、字符型	数组（整型、双精度型、字符型的数组）
增量运算	下一个整型、双精度型、字符型	下一个数组

整数指针增量运算是指向下一个整数，双精度指针增量运算是指向下一个双精度数，而数组指针的增量运算就是指向下一个数组，在处理二维数组时很有用，数组指针可以依次指向二维数组的每一行。这也是 7.2.2 节中讨论过的二维数组的行地址。

【例 7-14】数组指针（参见实训平台【实训 7-14】）。

（1）整数指针和整数数组指针。

```
#include <stdio.h>
void main(void) {
    int i, a[] = {1, 2, 3, 4, 5};
    int* p = a;  // 整数指针

    printf("整数指针的地址 %x\n", p);
    for(i=0; i<5; i++){
        printf("{%i}\t", p[i]);
    }
    printf("\n 增量后的整数指针的地址 %x\n", ++p);
```

```
        int (*p1)[5];   // 整数数组指针
        p1 = &a;   // &a 是数组的地址，而不是数组首元素的地址
        printf("\n 数组指针的地址  %x\n", p1);
        for(i=0; i<5; i++){
            printf("{%i}\t", (*p1)[i]);      // 访问指针指向的值
        }
        printf("\n 增量后的数组指针的地址   %x\n", ++p1);
}
```

运行结果如下：

```
整数指针的地址 19ff28
{1}      {2}       {3}       {4}       {5}
增量后的整数指针的地址  19ff2c


数组指针的地址 19ff28
{1}      {2}       {3}       {4}       {5}
增量后的数组指针的地址    19ff3c
```

从结果中看到，初始化后的整数指针的地址与整数数组指针的地址是相同的，指向同一个位置，但是二者的数据类型不同，因此增量后的地址是不同的。前者是加上 4 个字节（一个整数占用 4 个字节空间，0x19ff2c = 0x19ff28 + 0x4），后者是加上 20 个字节（整个整数数组占用 4×5 = 20（0x14）个字节空间，0x19ff3c = 0x19ff28 + 0x14）。

（2）数组指针的应用。这个例子是数组指针的一个应用，对二维数组的每一行进行排序，排序函数 sort 接收数组指针作为参数，即二维数组中每一行的行地址。

```
#include <stdio.h>

void sort(int (*)[4], int);      // 函数原型，第一个参数是数组指针
void main(void) {
    int a[3][4] = {{21, 12, 13, 24},{11, 22, 33, 41},{12, 23, 36, 24}};
    int i,j;

    printf("原始数据\n");
    for(i=0; i<3; i++) {
        for(j=0; j<4; j++) {
            printf("{%i}\t", a[i][j]);
        }
        printf("\n");
    }

    for(i=0; i<3; i++){
        sort(a+i, 4);  // 以行地址（是一个数组指针）作为参数
    }

    printf("排序后数据\n");
    for(i=0; i<3; i++) {
        for(j=0; j<4; j++) {
            printf("{%i}\t", a[i][j]);
```

```
        }
        printf("\n");
    }
}


// 冒泡排序法函数，参数改为数组指针
void sort(int (*a)[4], int n){
    for(int i=0; i<n-1; i++) {
        for(int j=0; j<n-1-i; j++) {
            if((*a)[j] > (*a)[j+1]) {
                int tmp = (*a)[j];       // 访问指针指向的值，这个值是一个数组
                (*a)[j] = (*a)[j+1];
                (*a)[j+1] = tmp;
            }
        }
    }
}
```

向 sort 函数传入的是行地址，因此排序在每一行内部进行。运行结果如下：

```
原始数据
{21}      {12}      {13}      {24}
{11}      {22}      {33}      {41}
{12}      {23}      {36}      {24}
排序后数据
{12}      {13}      {21}      {24}
{11}      {22}      {33}      {41}
{12}      {23}      {24}      {36}
```

7.5　指针函数与函数指针

7.5.1　指针函数——返回指针值的函数

返回值为整数的函数称为整数函数，因此返回值为指针的函数就称为指针函数。这种函数与普通函数类似，不同的是返回值是一个指针。语法格式如下：

返回类型　*函数名(形参表){...}

普通函数与指针函数的区别如下：

- 普通函数：返回值是整型、双精度型、字符型等的函数。
- 指针函数：返回值是指针的函数。

【例 7-15】指针函数（参见实训平台【实训 7-15】）。

（1）指针函数。

```
#include <stdio.h>
#include <stdlib.h>       // 本例需要包含 stdlib.h 文件

// 函数原型，定义返回值是整型指针
int* max(int, int);
```

```
void main(void) {
    printf("输入两个整数：");
    int a, b;
    scanf("%i %i", &a, &b);

    int* p = max(a, b);       // 调用时，返回值赋给一个指针

    printf("最大值是  {%i}\n", *p);

    free(p);            // free 函数将在 7.6 节讲解
}

int* max(int a, int b){
    int *z = (int*)calloc(1, sizeof(int));     // calloc 函数将在 7.6 节讲解
    *z = a;
    *z = *z>b ? *z : b;
    return z;        // 函数的返回值是一个指针
}
```

（2）指针函数的应用——返回一个数组。

```
#include <stdio.h>
#include <stdlib.h>
// 函数原型（分别是输入和输出）
int* input(int);
void output(int[], int);

void main(void) {
    int n;
    printf("输入数组长度：");
    scanf("%i", &n);

    int* x = input(n);
    output(x, n);

    free(x);     // free 函数将在 7.6 节讲解
}

// input 函数，返回长度为 n 的数组
int* input(int n){
    int* a =  (int*)calloc(n, sizeof(int));     // calloc 函数将在 7.6 节讲解
    printf("输入 %i 个整数：", n);
    for(int i=0; i<n; i++){
        scanf("%i", &a[i]);
    }
    return a;
}
```

```
// output  将数组输出到屏幕上
void output(int* a, int n){    // a 是指针，指向数组的首元素
    printf("数据是：");
    for(int i=0; i<n; i++){
        printf("{%i}\t", a[i]);
    }
    printf("\n");
}
```

7.5.2　函数指针——保存函数地址的指针

前面讲解过整数指针、字符指针、数组指针等，它们分别指向整数、字符、数组。如果一个指针指向函数，则称为函数指针。

如同数组的首元素地址，函数也有首地址（开始执行的起始地址），保存这个首地址的指针变量就是函数指针。定义函数指针的语法格式如下：

返回类型 (*函数指针名)(形参表){...}

函数指针的赋值语法格式如下：

函数指针名 = 函数名;

赋值时要求函数指针与函数的形参在数量、类型和含义上是一一对应的。如果参数不一一对应，则不能赋值。

函数指针的调用格式如下：

函数指针名(实参表);

本章学习的 4 种指针的比较见表 7-14。

表 7-14　4 种指针的比较

比较项	整数指针	字符指针	数组指针	函数指针
指向的值	整数	字符	数组	函数
语法格式	int *指针名;	char *指针名;	数据类型(*指针名)[n];	数据类型(*指针名)(...);

例子	int a;
	int *p;
	p = &a;
	*p = 3;
		char c[4] = "abc";
		char *p;
		p = c;
		p[0] = 'A';
			int a[3][6];
			int (*p)[6];
			p = &a[1];
			(*p)[0] = 21;
				int add(int, int);
				int (*pf)(int, int);
				pf = add;
				int c = pf(3, 4);

增量[注]	下一个整数	下一个字符	下一个数组	不允许

注：增量时，如果是数组，不应该越界；如果不是数组，则下一个指向的值是不确定的。

本章还学习了以下两种与指针有关的概念：

● 指针数组（int *p[n]）：数组的元素是指针。
● 指针函数（int *add()）：函数的返回值是指针。

【例 7-16】函数指针（参见实训平台【实训 7-16】）。

（1）函数指针。

```
#include <stdio.h>
```

```c
int add(int, int);

void main(void) {
    int a, b, c;
    printf("输入两个整数：");
    scanf("%i %i", &a, &b);

    int (*pf)(int, int);    // 定义函数指针
    pf = add;               // 将 add 函数的首地址赋值给 pf
    printf("函数指针的地址  %x\n", pf);
    c = pf(a, b);           // 通过指针函数调用 add 函数

    printf("结果是  {%i}\n", c);
}

int add(int a, int b){
    return a+b;
}
```

运行结果如下：

输入两个整数：3 5
函数指针的地址 401005
结果是 {8}

其中函数指针的地址（0x00401005）就是函数 add 的地址。

（2）函数指针的应用——用函数指针实现简单的计算器。

```c
#include <stdio.h>
#include <stdlib.h>

double add(double, double);
double sub(double, double);
double mul(double, double);
double div(double, double);

void main(void) {
    char choice;
    double a, b, c;

    while(1){ // 无限循环，当输入 0 时退出
        setbuf(stdin, NULL);    // 清除键盘缓冲区，消除前一次循环的影响
        printf("输入运算符（+-*/ 之一，输入 0 结束）：");
        scanf("%c", &choice);
        if(choice=='0'){
            break;      // 退出循环
        }

        printf("输入两个实数：");
        scanf("%lf %lf", &a, &b);
```

```
        double (*pf)(double, double);       // 定义函数指针
        switch(choice){
        case '+':
            pf = add;        // 根据用户的输入为函数指针赋值
            break;
        case '-':
            pf = sub;        // 根据用户的输入为函数指针赋值
            break;
        case '*':
            pf = mul;        // 根据用户的输入为函数指针赋值
            break;
        case '/':
            pf = div;        // 根据用户的输入为函数指针赋值
            break;
        default:
            printf("非法的运算符。\n");
            exit(0);
        }
        c = pf(a, b);        // 统一通过函数指针 pf 来进行运算
        printf("结果是  {%f}\n", c);
    }
}


double add(double x, double y){
    return x+y;
}

double sub(double x, double y){
    return x-y;
}

double mul(double x, double y){
    return x*y;
}

double div(double x, double y){
    return x/y;
}
```

运行结果如下：

```
输入运算符（+-*/ 之一，输入 0 结束）：+
输入两个实数：3 4
结果是  {7.000000}
输入运算符（+-*/ 之一，输入 0 结束）：-
输入两个实数：3 9
```

```
结果是  {-6.000000}
输入运算符（+-*/ 之一，输入 0 结束）：/
输入两个实数：3 8
结果是  {0.375000}
输入运算符（+-*/ 之一，输入 0 结束）：0
```

7.5.3 实例详解（一）：通用求定积分函数

求定积分有多种方法，其中一种简单的方法是梯形法。

函数 $y = f(x)$ 的定积分 $\int_a^b f(x)dx$ 的值等于由曲线 $y = f(x)$ 和直线 x=a、x=b、y=0 所围成的形状的面积 S，如图 7-20 中阴影部分的面积。

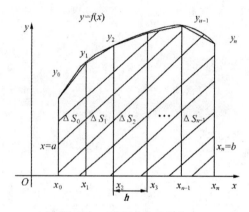

图 7-20 梯形法求定积分

梯形法是一种近似计算法，它将函数曲线下的面积划分为 n 个小曲边梯形，将小曲边梯形近似为梯形，并计算所有梯形的和，就是定积分的值。n 值越大，则精度越高。下面是采用梯形法计算任意函数的定积分的计算公式：

$$S = \left[\frac{f(a) + f(b)}{2} + \sum_{i=1}^{i=n-1} f(a + ih)\right]h$$

这里采用这个公式计算定积分。

【例 7-17】实例详解（一）：通用求定积分函数（参见实训平台【实训 7-17】）。

（1）求定积分函数：求一个函数的定积分，不使用函数指针。

求以下定积分的值：

$$S = \int_1^4 (1 + x)dx$$

```c
#include <stdio.h>

double f1(double x) {   // 需要求定积分的函数
    return (1 + x);
}

double integral(double a, double b, int n) { // 梯形法求定积分的算法
```

```
        double y, h;
        int i;

        y = (f1(a) + f1(b)) / 2;
        h = (b - a) / n;
        for (i = 1; i < n; i++) {
            y += f1(a + i * h);
        }

        return (y * h);
}

void main(void) {
        double s;

        s = integral(1, 4, 1000);       // 计算定积分
        printf("函数 f1 从 1 到 4 的定积分 s = {%f}\n", s);
}
```

（2）通用求定积分函数：求 3 个函数的定积分，采用函数指针实现通用性。
求以下定积分的值：

$$S_1 = \int_1^4 (1 + x) dx$$

$$S_2 = \int_0^1 \left(\frac{x}{1 + x^2} \right) dx$$

$$S_3 = \int_1^3 \left(\frac{x + x^2}{1 + \cos(x) + x^2} \right) dx$$

```
#include <stdio.h>
# include <math.h>

double f1(double x) {   // 需要求定积分的函数
    return (1 + x);
}

double f2(double x) {   // 第 2 个需要求定积分的函数
    return (x / (1 + x * x));
}

double f3(double x) {   // 第 3 个需要求定积分的函数
    return (x + x * x) / (1 + cos(x) + x * x);
}

double integral(double (*fp)(double), double a, double b, int n) {
// 通用的定积分函数，增加一个函数指针作为参数，它指向需要求定积分的函数
    double y, h;
```

```
        int i;

        y = (fp(a) + fp(b)) / 2;        // 使用函数指针
        h = (b - a) / n;
        for (i = 1; i < n; i++) {
                y += fp(a + i * h);     // 使用函数指针
        }

        return (y * h);
}

void main(void) {
        double s1, s2, s3;

        s1 = integral(f1, 1, 4, 1000);  // 调用通用的定积分函数，传入第 1 个函数的指针
        s2 = integral(f2, 0, 1, 1000);  // 调用通用的定积分函数，传入第 2 个函数的指针
        s3 = integral(f3, 1, 3, 1000);  // 调用通用的定积分函数，传入第 3 个函数的指针

        printf("函数 f1 从 1 到 4 的定积分 s1 = {%f}\n", s1);
        printf("函数 f2 从 0 到 1 的定积分 s2 = {%f}\n", s2);
        printf("函数 f3 从 1 到 3 的定积分 s3 = {%f}\n", s3);
}
```

运行结果如下：

```
函数 f1 从 1 到 4 的定积分 s1 = {10.500000}
函数 f2 从 0 到 1 的定积分 s2 = {0.346574}
函数 f3 从 1 到 3 的定积分 s3 = {2.446410}
```

通用求定积分函数是函数指针的一个典型应用，从中可以看到函数指针的强大功能。

7.6 动态内存管理

7.6.1 动态内存分配

1. 动态分配函数

到目前为止，所有的内存分配都是静态的，在编译时已经确定了内存的大小。在实际编程中，内存的需求常常是动态的，例如班级的人数不能在程序中预先指定，而是在运行时根据实际的人数申请内存空间。静态内存分配和动态内存分配的比较见表 7-15。

表 7-15　静态内存分配和动态内存分配的比较

比较项	静态内存分配	动态内存分配
内存分配的时机	编译时	运行时
何时确定内存大小	编译时决定内存大小，运行时不能改变	运行时动态决定内存的大小
是否自动管理	是	否

　　动态内存分配是在运行时根据需要分配合适大小的内存空间，这是指针的一个非常重要的应用。

　　2. 申请内存

　　申请内存使用 calloc() 或 malloc() 函数，前者将内存初始化为 0，后者不初始化。函数原型如下：

```
void *calloc(int num, int size)          // 分配总数为 num* size 字节的内存
void *malloc(int num)                     // 分配总数为 num 字节的内存
```

　　calloc() 或 malloc() 函数的返回类型是 void*，这是一个未确定类型的指针，应该通过强制类型转换转换为指定类型的指针。

　　例如以下代码：

```
int *p = (int*) calloc (2, sizeof(int));    // 分配两个空间，每个空间是一个整数，强制转换为整数指针
```

　　3. 归还内存

　　归还内存使用 free() 函数。函数原型如下：

```
void free(void *addr)
```

　　申请和归还内存的有关函数见本书附录 D。

　　例如以下代码：

```
int *p = (int*)malloc(2 * sizeof(int));    // 分配两个整数空间
p[0] = 1;      // 第一个整数，相当于数组的第一个元素
p[1] = 2;

printf("p[0] = {%i}\n", p[0]);
printf("p[1] = {%i}\n", p[1]);

free(p);      // 释放占用的空间
```

　　【例 7-18】动态内存分配（参见实训平台【实训 7-18】）。

　　（1）静态内存分配。静态分配的内存不需要归还。

```
#include <stdio.h>
#include <stdlib.h>
void main(void) {
    int a = 1;
    int* p1 = &a;      // p1 指向的值是 1

    printf("*p1 = {%i}\n", *p1);

    free(p1);          // 错误：静态分配的空间不允许回收
}
```

　　（2）动态内存分配。动态分配的内存需要归还，否则导致程序崩溃。

```
#include <stdio.h>
#include <stdlib.h>
void main(void) {
    int* p2 = (int*)malloc(1 * sizeof(int));    // p2 指向的值未初始化
    *p2 = 2;           // p2 指向的值赋值为 2
```

```
        printf("*p2 = {%i}\n", *p2);

        free(p2);          // 回收 p2 的空间，不归还内存将导致程序崩溃
}
```

（3）必须原物归还。

```
#include <stdio.h>
#include <stdlib.h>
void main(void) {
        int *p = (int*)malloc(2 * sizeof(int));      // 分配两个整数空间
        p[0] = 1;      // 第一个整数，相当于数组的第一个元素
        p[1] = 2;

        printf("*p = {%i}\n", *p);
        p++;
        printf("*p = {%i}\n", *p);

        free(p);      // 释放占用的空间，此时的 p 经过增量已经不是原来的 p 了，所以程序崩溃
}
```

应该改为如下代码：

```
#include <stdio.h>
#include <stdlib.h>
void main(void) {
        int *p = (int*)malloc(2 * sizeof(int));      // 分配两个整数空间
        p[0] = 1;      // 第一个整数，相当于数组的第一个元素
        p[1] = 2;

        int* p1 = p;      // 临时指针，只对这个指针进行增量运算，p 的值保持不变
        printf("*p = {%i}\n", *p1);
        p1++;
        printf("*p = {%i}\n", *p1);

        free(p);      // 释放占用的空间，指针 p 保持原来的值
}
```

（4）不能多次归还。

```
#include <stdio.h>
#include <stdlib.h>
void main(void) {
        int *p = (int*)malloc(2 * sizeof(int));      // 分配两个整数空间
        p[0] = 1;      // 第一个整数，相当于数组的第一个元素
        p[1] = 2;

        int* p1 = p;      // 临时指针
        printf("*p = {%i}\n", *p1);

        free(p);      // 释放占用的空间
        free(p1);      // 错误：这是第二次归还，因为 p 与 p1 是相同的，归还的是同一个指针
}
```

动态使用内存时，应该记住以下原则：有借有还，再借不难，否则崩溃；原物归还，只还一次，否则崩溃。这是初学者常常忘记的重要细节。

7.6.2　实例详解（二）：一维数组的动态管理

7.6.1 节学习了动态内存分配，其中一个应用是动态管理数组，管理方式有如下 3 种：

- 动态申请数组的空间：直接根据数组的长度申请相应的数组空间。
- 动态增加数组的长度：申请一个新的数组空间，其长度为原有长度加上新增长度，然后将原有的数据复制到新的数组中，新增的空间用于保存新的数据。如果使用 realloc() 函数增加空间，则原有数据自动复制到新的空间里。
- 动态减少数组的长度：申请一个新的数组空间，其长度为减小后的长度，然后将原有的部分数据复制到新的数组中，多余的数据将被丢弃。

下面仅以前两种情况为例，减小长度的代码可以自己去尝试。

【例 7-19】实例详解（二）：一维数组的动态管理（参见实训平台【实训 7-19】）。

（1）动态申请数组的空间。

```
#include <stdio.h>
#include <stdlib.h>
void main(void) {
    int n;
    printf("输入数组长度：");
    scanf("%i", &n);

    // 动态申请数组的空间
    int* a = (int*)malloc(n * sizeof(int));;

    printf("输入 %i 个整数：", n);
    int i;
    for(i=0; i<n; i++){
        scanf("%i", &a[i]);
    }

    printf("输入的数据是：\n");
    for(i=0; i<n; i++){
        printf("{%i}\t", a[i]);
    }
    printf("\n");

    free(a);      // 使用后归还
}
```

运行结果如下：

```
输入数组长度：5
输入 5 个整数：1 2 3 4 5
输入的数据是：
{1}      {2}       {3}      {4}       {5}
```

（2）动态增加数组的长度。

```c
#include <stdio.h>
#include <stdlib.h>
void main(void) {
    int n;
    printf("输入数组长度：");
    scanf("%i", &n);

    // 动态申请数组的空间
    int* a = (int*)malloc(n * sizeof(int));;

    printf("输入 %i 个整数：", n);
    int i;
    for(i=0; i<n; i++){
        scanf("%i", &a[i]);
    }

    printf("输入的数据是：\n");
    for(i=0; i<n; i++){
        printf("{%i}\t", a[i]);
    }
    printf("\n");

    int m;
    printf("输入增加的元素个数：");
    scanf("%i", &m);

    // 动态增加数组的长度
    int* a1 = (int*)realloc(a, (n+m) * sizeof(int));

    printf("输入新增的 %i 个整数：", m);
    for(; i<n+m; i++){
        scanf("%i", &a1[i]);        // 添加部分的数组
    }

    printf("输入的所有数据是：\n");
    for(i=0; i<n+m; i++){
        printf("{%i}\t", a[i]);     // 新数组
    }
    printf("\n");

    free(a);        // 使用后归还
}
```

运行结果如下：

```
输入数组长度：3
输入 3 个整数：1 2 3
```

输入的数据是：
{1}   {2}   {3}
输入增加的元素个数：2
输入新增的 2 个整数：4 5
输入的所有数据是：
{1}   {2}   {3}   {4}   {5}

7.6.3 实例详解（三）：二维数组的动态管理

7.6.2 节学习了一维数组的动态管理，二维数组的动态管理也分为以下 3 种：

- 动态申请数组的空间：直接根据数组的行数和列数申请相应的数组空间。
- 动态增大数组的长度：可能是增加行数，也可能是增加列数。
- 动态减小数组的长度：可能是减少行数，也可能是减少列数。

在动态管理二维数组时，可以将二维数组看作数组的数组，其中高维的元素是数组，最低维的元素才是具体的元素值。

下面仅以动态申请数组的空间为例，增大或减小长度的代码可以自己去尝试。

【例 7-20】实例详解（三）：二维数组的动态管理（参见实训平台【实训 7-20】）。

将二维数组看成数组的数组，从而实现二维数组。

```
#include <stdio.h>
#include <stdlib.h>
void main(void) {
    int **a;      // 指针的指针，就是数组的数组，即二维数组
    int i,j;

    int rows, cols;
    printf("输入行数和列数：");
    scanf("%i %i", &rows, &cols);

    a = (int**)malloc(sizeof(int*)*rows);         //为二维数组分配 rows 行

    for (i=0; i<rows; ++i){
        a[i] = (int*)malloc(sizeof(int)*cols);    //为每行分配 cols 个大小空间
    }

    // 初始化（也可改为从键盘读取）
    for (i=0; i<rows; i++){
        for (j=0; j<cols; j++){
            a[i][j] = (i+1)*(j+1);
        }
    }

    //输出
    for (i=0; i<rows; i++){
        for (j=0; j<cols; j++){
            printf ("{%d}\t", a[i][j]);
```

```
        }
        printf ("\n");
    }


    // 申请时有 rows + 1 次，归还时也应该有 rows + 1 次
    for (i=0; i<rows; i++){
        free(a[i]);      // 归还每一行的空间（低维）
    }
    free(a);        // 归还第二维的空间（高维）
}
```

运行结果如下：

输入行数和列数：2 5
{1}   {2}   {3}   {4}   {5}
{2}   {4}   {6}   {8}   {10}

7.7 引用类型变量和 const 的指针

7.7.1 引用类型变量

引用类型变量是另一个变量的别名，语法格式如下（定义的同时必须初始化）：

数据类型 &引用变量名 = 变量名;

此时引用变量名是变量名的一个别名，它们占用同一个内存空间，本质上是同一个变量，只是名称不同。普通变量、指针变量和引用变量的比较见表 7-16。

表 7-16 普通变量、指针变量和引用变量的比较

比较项	普通变量	指针变量	引用变量
名称	变量名	指针名	变量的别名
独立空间	有	有	无
值	值是一个数据	值是一个地址，指向数据	值是对应变量的值

符号&应用在以下场合：①按位与运算符；②取地址运算符；③引用运算符。另外，关系运算符&&是两个&符号连用。

【例 7-21】引用类型变量（参见实训平台【实训 7-21】）。

```
#include <stdio.h>
void main(void) {
    int a = 3;
    int &b = a;    // 定义一个引用变量 b
    printf("a = {%i}\n", a);
    printf("b = {%i}\n", b);
    printf("两者的值是否相等 = {%i}\n", (a==b));
    printf("两者的地址是否相等 = {%i}\n", (&a==&b));
}
```

7.7.2　传引用调用——引用变量作为函数参数

5.2.1 节中提出了一个问题，函数内对形参的改变如何改变函数外实参变量的值。7.3.1 节给出了一种解决方法，下面再给出另一种解决方法。

采用引用变量作为形参，因为引用变量是实参变量的别名，因此函数内对引用变量的修改也就是对函数外实参变量的修改，从而实现对函数外实参变量的值的修改。

【例 7-22】传引用调用——引用作为函数参数（参见实训平台【实训 7-22】）。

（1）回顾：【实训 5-7】传值调用——实参与形参。

```c
#include <stdio.h>

void swap(double, double);
void main(void) {
    double x, y;
    printf("输入两个实数：");
    scanf("%lf %lf", &x, &y);

    printf("调用前  x={%f}, y={%f}\n", x, y);
    swap(x, y);
    printf("调用后  x={%f}, y={%f}\n", x, y);
}

void swap(double p, double q){
    printf("swap 函数内，交换前  p={%f}, p={%f}\n", p, q);
    double t = p;
    p = q;
    q = t;
    printf("swap 函数内，交换后  p={%f}, p={%f}\n", p, q);
}
```

（2）回顾：【实训 7-10】传指针调用——指针变量作为函数参数。

```c
#include <stdio.h>

void swap(double*, double*);
void main(void) {
    double x, y;
    printf("输入两个实数：");
    scanf("%lf %lf", &x, &y);

    printf("调用前  x={%f}，y={%f}\n", x, y);
    swap(&x, &y);
    printf("调用后  x={%f}，y={%f}\n", x, y);
}
```

```
void swap(double *p, double *q){
    printf("swap 函数内，交换前  p={%f}, p={%f}\n", *p, *q);
    double t = *p;
    *p = *q;
    *q = t;
    printf("swap 函数内，交换后  p={%f}, p={%f}\n", *p, *q);
}
```

（3）第三种调用方式——传引用调用。

```
#include <stdio.h>

void swap(double&, double&);
void main(void) {
    double x, y;
    printf("输入两个实数: ");
    scanf("%lf %lf", &x, &y);

    printf("调用前  x={%f}, y={%f}\n", x, y);
    swap(x, y);
    printf("调用后  x={%f}, y={%f}\n", x, y);
}

void swap(double &p, double &q){
    printf("swap 函数内，交换前  p={%f}, p={%f}\n", p, q);
    double t = p;
    p = q;
    q = t;
    printf("swap 函数内，交换后  p={%f}, p={%f}\n", p, q);
}
```

从上述实训中可以总结传值调用、传指针调用和传引用调用的区别，见表 7-17。

表 7-17　传值调用、传指针调用和传引用调用的比较

比较项	传值调用	传指针调用	传引用调用
函数原型	void swap (float p, float q)	void swap (float *p, float *q)	void swap (float &p, float &q)
函数体	p = q;	*p = *q;	p = q;
调用方式	swap (x, y);	swap (&x, &y);	swap (x, y);
效果	不改变外部实参变量的值	改变外部实参变量的值	改变外部实参变量的值

7.7.3　const 的指针

在第 2 章中学习过 const 常量，当用 const 修饰指针时，情况有点不同。

在使用指针时涉及两个内存区域：一是指针的值（地址）；二是指针指向的值（数据）。因此，用 const 修饰指针时，应该指明是不允许修改指针的值、不允许修改指针指向的值，还是两者都不允许修改。

const 指针的 3 种作用见表 7-18。

表 7-18　const 指针的 3 种作用

作用	语法	例子
指针的值（地址）不可变	数据类型 * const 指针名;	int * const p;
指针指向的值（数据）不可变	数据类型 const *指针名; const 数据类型 *指针名;	int const * p; const int * p;
指针指向的值和地址均不可变	数据类型 const * const 指针名; const 数据类型 * const 指针名;	int const * const p; const int * const p;

【例 7-23】const 指针（参见实训平台【实训 7-23】）。

```
#include <stdio.h>
void main(void) {
    int a = 1;
    int b = 2;

    int *const p1 = &a;           // 指针的值（地址）不可变
    int const *p2 = &a;           // 指针指向的值（数据）不可变
    int const * const p3 = &a;    // 两者均不可变

    p1 = &b;    // 错误：因为改变了指针值（地址）
    p2 = &b;
    p3 = &b;    // 错误：因为改变了指针值（地址）

    *p1 = 3;
    *p2 = 4;    // 错误：因为改变了指针指向的值（数据）
    *p3 = 5;    // 错误：因为改变了指针指向的值（数据）

    printf("a = {%i}\n", a);
    printf("b = {%i}\n", b);
    printf("*p1 = {%i}\n", *p1);
    printf("*p2 = {%i}\n", *p2);
    printf("*p3 = {%i}\n", *p3);
}
```

改正错误后的运行结果如下：

```
a = {3}
b = {2}
*p1 = {3}
*p2 = {2}
*p3 = {3}
```

7.8　综合实训

1.【Jitor 平台实训 7-24】编写一个程序，求一维数组的平均值和最大值，数组的长度和数据从键盘输入。

2．【Jitor 平台实训 7-25】编写一个程序，对数组进行排序，数组的长度和数据从键盘输入。

3．【Jitor 平台实训 7-26】编写一个程序，接收从键盘输入的一个字符串，并将每个字符逆序输出。

4．【Jitor 平台实训 7-27】编写两个字符串处理函数：strcat 和 strcmp，实现与 C 库函数中同名函数的相同功能。

5．【Jitor 平台实训 7-28】编写一个程序，接收从键盘输入的 5 个字符串，然后对字符串排序并输出。

第 8 章　枚举和结构体

本章所有实训可以在 Jitor 校验器的指导下完成。

以前学习过的数据类型有整型、浮点型（单精度、双精度）、字符型等，本章学习两种自定义类型：枚举类型和结构类型，然后学习结构类型的一个典型应用——链表。

8.1　枚举类型

8.1.1　枚举类型的使用

1. 枚举类型的定义

枚举是一种数据类型，是自定义的数据类型。定义枚举的语法格式如下：

```
enum 枚举类型名 {枚举元素表};
```

将枚举与整型作一个对比，整型是一种基本数据类型，因此只需要直接使用它来定义变量；枚举是一种自定义数据类型，需要先定义，然后才能使用这个数据类型来定义变量。枚举类型与整型的比较见表 8-1。

表 8-1　枚举类型与整型的比较

比较项	整型	枚举类型
类型定义	无须定义（内置的基本数据类型）	enum Weekdays {SUN, MON, TUE, WED, THU, FRI, SAT};
变量定义	int score;	Weekdays today;
引用	score = 86;	today = MON;

2. 枚举变量的定义

枚举变量的定义有 3 种方式，分别用以下例子加以说明：

（1）枚举的定义和枚举变量的定义分开编写。

```
enum Weekdays {SUN, MON, TUE, WED, THU, FRI, SAT};        // 分为两条语句编写
Weekdays today;
```

（2）枚举的定义和枚举变量的定义合并编写。

```
enum Weekdays {SUN, MON, TUE, WED, THU, FRI, SAT} today;   // 合为一条语句编写
```

（3）直接定义枚举变量（枚举定义是匿名的）。

```
enum {SUN, MON, TUE, WED, THU, FRI, SAT} today;            // 省略枚举名
```

最后这种方式的枚举定义是一次性的，不可复用，通常不建议使用。

3. 枚举类型的元素值

枚举类型的每个元素相当于一个常量，因此元素名用大写字母，其值对应一个整数，默

认从 0 开始，依次增量 1。例如以下枚举定义：

```
enum Weekdays {SUN, MON, TUE, WED, THU, FRI, SAT};
```

相当于定义了 7 个常量 SUN、MON、TUE、WED、THU、FRI、SAT，其值分别是 0、1、2、3、4、5、6。

而枚举类型变量的取值范围就是该组常量。例如定义枚举类型常量 today。

```
Weekdays today;
```

此时，变量 today 就只能取枚举类型 Weekdays 中的 7 个元素 SUN、MON、TUE、WED、THU、FRI、SAT 中的任意一个。例如以下语句：

```
today = MON;
```

由此可见，枚举的作用如下：

- 定义一组具有明确含义的常量，提高代码的可读性。
- 限制枚举变量的取值范围，提高代码的可靠性。

4. 指定枚举类型的元素值

枚举类型默认的元素值从 0 开始，依次增量 1。

也可以指定枚举类型的元素值。例如以下代码：

```
enum Color {RED=1, GREEN, BLUE};
```

此时 RED、GREEN、BLUE 的值分别是 1、2、3。如果修改为以下代码：

```
enum Color {RED, GREEN=3, BLUE};
```

此时 RED、GREEN、BLUE 的值分别是 0、3、4。如果再修改为以下代码：

```
enum Color {RED=2, GREEN=1, BLUE};
```

此时 RED、GREEN、BLUE 的值分别是 2、1、2。这只是一个演示，RED 和 BLUE 有相同的值，可能造成混乱。

因此，指定元素值的规律如下：

- 未指定值时采用默认值，第一个元素的值为 0，其他元素的值是前一个元素的值加 1。
- 指定值时采用指定值。
- 不允许出现重复的元素名，但不同的元素名可以有相同的值，无论是指定的相同值还是因为自动加 1 而形成的相同值。

5. 枚举变量的赋值

枚举变量只能取枚举类型中的任意一个元素作为变量的值。例如以下代码：

```
enum Color {RED=1, GREEN, BLUE};
enum Weekdays {SUN, MON, TUE, WED, THU, FRI, SAT};
Color fontColor;
fontColor = GREEN;        // 正确
fontColor = MON;          // 错误：使用了另一个枚举定义中的元素
```

6. 枚举变量的关系运算

枚举变量的值在内存中是以整数的形式表示的，因此可以对这个整数进行关系运算。例如以下代码：

```
enum Weekdays {SUN, MON, TUE, WED, THU, FRI, SAT};
Weekdays today = WED, yestoday = TUE;
printf("%i\n",(yestoday > today));        // 输出 0（假），相当于比较 2>3
```

【例 8-1】 枚举类型的使用（参见实训平台【实训 8-1】）。

改正下述代码中的错误。

```
#include <stdio.h>
void main(void) {
    enum Weekdays = {SUN, MON, TUE, WED, THU, FRI, SAT};        // 错误：定义中不能有等号
    enum Color {RED=1, GREEN, BLUE};
    enum newColor {RED, GREEN, BLUE};        // 错误：元素常量名（如 RED 等）不能重复定义
    Color fontColor;
    fontColor = TUE;      // 错误：只能取 Color 中的元素值

    printf("RED = {%i}\n", RED);
    printf("fontColor = {%i}\n", fontColor);

    Weekdays today = WED, yestoday = TUE;
    printf("比较结果  {%i}\n", (yestoday > today));
}
```

8.1.2　枚举变量的类型转换、输入和输出

1. 枚举类型的转换

枚举变量的值是一个整数，但是枚举变量与整数之间需要进行转换。例如以下代码：

```
    enum Weekdays {SUN, MON, TUE, WED, THU, FRI, SAT};
    Weekdays today;
    today = THU;
    int no = (int) today;       // today 的值是 THU，即整数 4（可以自动类型转换）
    today = (weekdays)3;   // 将整数 3 转换为 WED（必须是强制类型转换）
```

2. 枚举类型的输出

直接输出一个枚举变量时，输出的是对应的整数值；如果需要输出对应的常量名（元素名），则需要做一些转换。例如以下代码：

```
    enum Weekdays {SUN, MON, TUE, WED, THU, FRI, SAT};
    Weekdays today;
    today = MON;
    switch(today){
    case SUN:
        printf("SUN");
        break;
    case MON:
        printf("MON");
        break;
    case TUE:
        printf("TUE");
        break;
    // 省略其他 case
    }
```

3. 枚举类型的输入

从键盘输入一个枚举变量的值时，应该输入一个整数，然后将这个整数强制类型转换为枚举类型，要注意取值的范围。例如以下代码：

```
enum Weekdays {SUN, MON, TUE, WED, THU, FRI, SAT};
Weekdays today;

printf("输入星期的值（0～6）: ");
int wday;
scanf("%i", &wday);
today = (Weekdays)wday;
printf("today ={%i}\n", today);
```

【例 8-2】枚举变量的输入和输出（参见实训平台【实训 8-2】）。

```
#include <stdio.h>
void main(void) {
    enum Weekdays {SUN, MON, TUE, WED, THU, FRI, SAT};      // 定义枚举
    Weekdays today;      // 定义枚举变量

    // 枚举值的输入和强制类型转换
    printf("输入星期的值（0～6）: ");
    int day;
    scanf("%i", &day);
    if(day<0 || day >6){
        printf("星期的值输入{错误}\n");
        return;
    }
    today = (Weekdays)day;
    printf("today ={%i}\n", today);

    // 枚举值的输出，以常量名（即元素名）的方式
    char days[7][4] = {"SUN", "MON", "TUE", "WED", "THU", "FRI", "SAT"};      // 二维字符数组
    printf("输入的星期的值是 {%s}\n", days[day]);
}
```

8.2　结构体类型

结构体是为了处理复杂的数据而设计的一种数据类型。

例如学生的成绩数据包含了学号、姓名、数学、物理、英语及平均成绩，见表 8-2。

表 8-2　学生成绩数据

no	name	math	phy	eng	avg
1001	Zhou	90	85.5	80	85.2
1002	Li	75	80	85	80
1003	Wang	95	85	90	90

这种数据不能用单纯的数组来解决，C 提供了结构体来解决这个问题。

8.2.1 结构体类型的使用

1. 结构体类型的定义

结构体是一种数据类型，是一种自定义的数据类型。定义结构体的语法格式如下：

```
struct 结构体类型名 {
    数据类型 变量名 1;        // 变量也称成员或成员变量
    数据类型 变量名 2;
    ...
    数据类型 变量名 n;
};                         // 定义结构体，以分号结束
```

在结构体中，变量也称成员或成员变量，意思是这些变量是结构体的成员。

例如表 8-2 的成绩数据可以用下述结构体来表示：

```
struct Student {
    int no;                        // 学号
    char name[30];                 // 姓名
    float math, phy, eng, avg;     // 三门课程成绩及平均成绩
};
```

因此，在一个结构体内可以保存不同数据类型的数据。

2. 结构体变量的定义

与枚举变量的定义相同，结构体变量也有 3 种定义的方式。语法格式如下：

（1）结构体的定义和结构体变量的定义分开编写。

```
struct 结构体类型名{变量定义列表};              // 分为两条语句编写
结构体类型名 结构体变量名;
```

（2）结构体的定义和结构体变量的定义合并编写。

```
struct 结构体类型名{变量定义列表} 结构体变量名;   // 合为一条语句编写
```

（3）直接定义结构体变量（结构体定义是匿名的）。

```
struct {变量定义列表} 结构体变量名;              // 省略结构体类型名
```

第三种方式的结构体定义是一次性的，不可复用，通常不建议使用。

例如下述 3 段代码分别对应上述 3 种定义方式。

```
struct Student {
    int no;                        // 学号
    char name[30];                 // 姓名
    float math, phy, eng, avg;     // 三门课程成绩及平均成绩
};                                 // 定义学生结构体，以分号结束
Student zhangsan;                  // 定义一个学生结构体变量"张三"
```

```
struct Student {
    int no;
    char name[30];
    float math, phy, eng, avg;
} zhangsan;                        // 同时定义一个学生结构体和结构体变量"张三"
```

```
    struct {                              // 省略了结构体类型名 Student（没有名字，匿名的）
        int no;
        char name[30];
        float math, phy, eng, avg;
    } zhangsan;                           // 仅定义了学生结构体变量"张三"
```

3. 结构体变量的初始化

与数组类似，在定义结构体变量时，可以同时进行初始化。例如以下代码：

```
Student zhangsan = {1001, "张三", 80, 82, 90};              // 一个学生
Student sw1[2] = {{1001, "张三", 80, 82, 90}, {1002, "李四", 70, 88, 72}};    // 一个班级有两个学生
```

4. 结构体变量的引用

使用小数点"."运算符来引用结构体变量的成员（变量）。语法格式如下：

结构体变量.成员名

小数点"."可以读作"的"，即读为"结构体变量的成员名"。例如以下代码：

```
zhangsan.no = 1000;                       // 张三的学号赋值为 1000
```

或者

```
printf("%f", zhangsan.math);       // 输出张三的数学成绩
```

5. 结构体变量的赋值

两个同类型的结构体变量可以直接赋值，赋值的结果是将一个结构体变量的各个成员的值赋值给另一个结构体变量的对应的成员变量。语法格式如下：

结构体变量 1 = 结构体变量 2;

例如以下代码：

```
Student zhangsan = {1001, "张三", 80, 82, 90};         // 学生张三
Student lisi;                    // 另一个学生李四
lisi = zhangsan;                 // 赋值后，两个结构体变量的值是相同的
lisi.no = 1002;                  // 修改李四的学号
lisi.name = "李四";              // 修改李四的姓名（此时成绩还是相同的）
```

【例 8-3】结构体类型的使用（参见实训平台【实训 8-3】）。

```
#include <stdio.h>
struct Student {
    int no;
    char name[10];
    float math, phy, eng, avg;
};

void main(void) {
    // 初始化李四（lisi）的数据
    Student lisi = {10002, "李四", 80, 85, 90};
    // 计算李四的平均成绩
    lisi.avg = (lisi.math+lisi.phy+lisi.eng)/3;
    // 输出李四的数据（学号、姓名和平均成绩）
    printf("学号：{%i}\t", lisi.no);
    printf("姓名：{%s}\t", lisi.name);
    printf("平均成绩：{%.2f}\n", lisi.avg);
```

```
    // 定义学生数组：软件 319 班（sw319）并初始化
    Student sw319[] = {{31901, "李婧", 82, 85, 90},
                        {31902, "王强", 83, 75, 65},
                        {31903, "张明", 70, 75, 80}};
    int i;
    // 计算每位学生的平均成绩
    for(i=0; i<3; i++){
        sw319[i].avg = (sw319[i].math+sw319[i].phy+sw319[i].eng)/3;
    }

    // 输出全班的全部数据（表格形式）
    printf("学号\t 姓名\t 数学\t 物理\t 英语\t 平均\n");
    for(i=0; i<3; i++){
        printf("{%i}\t", sw319[i].no);
        printf("{%s}\t", sw319[i].name);
        printf("{%.2f}\t", sw319[i].math);
        printf("{%.2f}\t", sw319[i].phy);
        printf("{%.2f}\t", sw319[i].eng);
        printf("{%.2f}\n", sw319[i].avg);
    }
}
```

　　这个例子定义了一个学生结构体，学生结构体有学号、姓名、三门课程的成绩和平均成绩 6 个成员属性。

　　在主函数中，定义并初始化了一个学生结构体的变量 lisi（李四），输出李四的各项信息。然后定义了一个学生结构体的数组 sw319，该数组有 3 个学生，最后输出这些学生的信息。

8.2.2　结构体变量的输入和输出

　　结构体变量的输入和输出实际上是结构体变量的成员变量的输入和输出。理解了这一点，就可以很容易地处理结构体变量的输入和输出。

结构体类型和变量

　　【例 8-4】结构体变量的输入和输出（参见实训平台【实训 8-4】）。
　　（1）结构体变量的输入和输出。

```
#include <stdio.h>
struct Rectangle{ // 矩形结构体，成员变量有长和宽
    double length;   // 长
    double width;    // 宽
};

void main(void) {
    Rectangle rec;

    printf("输入矩形的长和宽：");
    scanf("%lf", &rec.length);      // 分别输入到结构体的成员变量中
    scanf("%lf", &rec.width);

    printf("矩形的长和宽数据如下：\n");
```

```
        printf("长是  {%.2f}\n", rec.length);
        printf("宽是  {%.2f}\n", rec.width);
}
```

在这个例子中，输入和输出是针对每一个成员变量进行的，如同整数数组，输入和输出是针对每一个元素进行的。

（2）一个实例：学生成绩管理。

```
#include <stdio.h>
struct Student {
        int no;
        char name[10];
        float math, phy, eng, avg;
};

void main(void) {
        Student sw192[5];

        int i;
        printf("输入 5 位学生的数据（学号、姓名、数学、物理、英语）：\n");
        for(i=0; i<5; i++){
                scanf("%i", &sw192[i].no);
                scanf("%s", &sw192[i].name);
                scanf("%f", &sw192[i].math);
                scanf("%f", &sw192[i].phy);
                scanf("%f", &sw192[i].eng);
        }

        // 计算每位学生的平均成绩
        for(i=0; i<5; i++){
                sw192[i].avg = (sw192[i].math+sw192[i].phy+sw192[i].eng)/3;
        }

        // 输出全班的全部数据（表格形式）
        printf("\n 学号\t 姓名\t 数学\t 物理\t 英语\t 平均\n");
        for(i=0; i<5; i++){
                printf("{%i}\t", sw192[i].no);
                printf("{%s}\t", sw192[i].name);
                printf("{%.0f}\t", sw192[i].math);
                printf("{%.0f}\t", sw192[i].phy);
                printf("{%.0f}\t", sw192[i].eng);
                printf("{%.2f}\n", sw192[i].avg);
        }
}
```

运行结果如下：

输入 5 位学生的数据（学号、姓名、数学、物理、英语）：
19301 张三 70 81 86

```
19302 李四 81 77 89
19303 王五 73 87 86
19304 赵六 77 76 70
19305 钱七 88 79 79
```

学号	姓名	数学	物理	英语	平均
{19301}	{张三}	{70}	{81}	{86}	{79.00}
{19302}	{李四}	{81}	{77}	{89}	{82.33}
{19303}	{王五}	{73}	{87}	{86}	{82.00}
{19304}	{赵六}	{77}	{76}	{70}	{74.33}
{19305}	{钱七}	{88}	{79}	{79}	{82.00}

这是一个完整的输入输出的例子。注意，在输入时要严格按顺序输入数据，平均成绩不需要输入，是通过计算得到的。

8.2.3　结构体指针

与整型有关的指针有整型指针和整型数组指针，与结构体类型有关的指针也有结构体指针和结构体数组指针。结构体指针的定义格式如下：

结构体类型名　*结构体指针名;

当引用结构体指针的成员变量时，可以采用以下两种方法：

（1）点运算符 "."，语法格式如下：

(*结构体指针名).成员变量名

（2）箭头运算符 "->"，语法格式如下：

结构体指针名->成员变量名

通常采用箭头运算符，因为它简单明了、可读性好。

【例 8-5】结构体指针（参见实训平台【实训 8-5】）。

（1）结构体指针。

```c
#include <stdio.h>
struct Rectangle{ // 矩形结构体，成员变量有长和宽
    double length;   // 长
    double width;    // 宽
};

void main(void) {
    Rectangle rec = {20, 30};      // 普通变量，初始化
    Rectangle* prec = &rec;        // 指针，将地址赋给指针

    // 直接访问变量
    printf("长 rec.length = {%f}\n", rec.length);    // 输出 rec 的成员变量，用点运算符访问
    printf("宽 rec.width = {%f}\n", rec.width);

    // 通过指针访问
    printf("长 (*prec).length = {%f}\n", (*prec).length);    // 输出指针指向的值，可以用点运算符访问
    printf("宽 prec->width = {%f}\n", prec->width);          // 用箭头运算符（->）更方便
}
```

这个例子比较了普通结构体变量（rec）和结构体指针变量（prec），注意代码中是如何为结构体指针变量赋值的，又是如何访问结构体指针变量的成员（点运算符和箭头运算符）的。

（2）结构体指针（动态分配内存）。

```c
#include <stdio.h>
#include <stdlib.h>
struct Rectangle{ // 矩形结构体，成员变量有长和宽
    double length;   // 长
    double width;    // 宽
};

void main(void) {
    Rectangle* prec = (Rectangle*) malloc(1*sizeof(Rectangle));   // 动态分配内存
    (*prec).length = 20;    // 赋值，可以用点运算符（.）
    prec->width = 30;       // 用箭头运算符（->）更方便

    printf("长  prec->length = {%f}\n", prec->length);
    printf("宽  *prec.width = {%f}\n", prec->width);

    free(prec);   // 不要忘记回收内存空间
}
```

这个例子演示了结构体变量的动态内存分配，用 new Rectangle 来为结构体变量分配内存。结束时不要忘记回收内存空间。

（3）一个实例：学生成绩管理（动态版本）。

```c
#include <stdio.h>
#include <stdlib.h>
struct Student {   // 学生结构体
    int no;
    char name[10];
    float math, phy, eng, avg;
};

void main(void) {
    int i, n;
    printf("输入班级人数：");
    scanf("%i", &n);

    Student* sw193;         // 指针
    sw193 = (Student*)malloc(n*sizeof(Student));        // 为数组分配 n 个学生结构体

    printf("输入 %i 位学生的数据（学号、姓名、数学、物理、英语）：\n", n);
    for(i=0; i<n; i++){
        scanf("%i", &sw193[i].no);
        scanf("%s", &sw193[i].name);
        scanf("%f", &sw193[i].math);
        scanf("%f", &sw193[i].phy);
```

```
            scanf("%f", &sw193[i].eng);
        }

        for(i=0; i<n; i++){ // 计算平均成绩
            sw193[i].avg = (sw193[i].math+sw193[i].phy+sw193[i].eng)/3;
        }

        printf("\n 学号\t 姓名\t 数学\t 物理\t 英语\t 平均\n");
        for(i=0; i<n; i++){
            printf("{%i}\t", sw193[i].no);
            printf("{%s}\t", sw193[i].name);
            printf("{%.0f}\t", sw193[i].math);
            printf("{%.0f}\t", sw193[i].phy);
            printf("{%.0f}\t", sw193[i].eng);
            printf("{%.2f}\n", sw193[i].avg);
        }

        free(sw193);      // 回收内存
}
```

运行结果如下：

```
输入班级人数：3
输入 3 位学生的数据（学号、姓名、数学、物理、英语）：
19301 张三 70 81 86
19302 李四 81 77 89
19303 王五 73 87 86


学号      姓名      数学      物理      英语      平均
{19301}  {张三}   {70}     {81}     {86}     {79.00}
{19302}  {李四}   {81}     {77}     {89}     {82.33}
{19303}  {王五}   {73}     {87}     {86}     {82.00}
```

这个例子是将【例 8-4】中的对应例子改为动态分配内存，根据用户输入的班级人数来确定班级数组的大小，从而动态地确定班级人数（结构体数组的大小）。

8.2.4 结构体作为函数参数

1. 结构体变量作为函数参数

与普通变量相同，结构体变量作为函数的参数时，也有传值、传指针和传引用三种方式，并且它们的区别与普通变量是一样的。表 8-3 不仅适用于普通变量，也适用于结构体变量。

表 8-3 传值调用、传指针调用与传引用调用的比较

比较项	传值调用	传指针调用	传引用调用
函数原型	void swap (float p, float q)	void swap (float *p, float *q)	void swap (float &p, float &q)
函数体	p = q;	*p = *q;	p = q;
调用方式	swap (x, y);	swap (&x, &y);	swap (x, y);
效果	不改变外部实参变量的值	改变外部实参变量的值	改变外部实参变量的值

2. 结构体数组变量作为函数参数

与普通数组变量相同，结构体数组变量也是一个地址，即当结构体数组变量作为函数的参数时，传值调用实际上传递的是地址，函数内对形参数组元素的修改将影响函数外实参的数组元素。

【例 8-6】结构体作为函数参数（参见实训平台【实训 8-6】）。

（1）结构体变量作为函数参数（传值）。传值调用的例子，结论是不改变外部实参变量的值。

```c
#include <stdio.h>

struct student {
    int no;
    char name[10];
    float math, phy, eng, avg;
};

void swap(student s1, student s2) {        // 传值调用
    printf("函数内，交换前：s1 = {%s}, s2 = {%s}\n", s1.name, s2.name);
    student t = s1;
    s1 = s2;
    s2 = t;
    printf("函数内，交换后：s1 = {%s}, s2 = {%s}\n", s1.name, s2.name);
}

void main(void) {
    student sa = {1001, "Zhou", 90,80,70, 80};
    student sb = {1002, "Li", 95,85,75, 85};

    printf("调用前：sa = {%s}, sb = {%s}\n", sa.name, sb.name);
    swap(sa, sb);
    printf("调用后：sa = {%s}, sb = {%s}\n", sa.name, sb.name);
}
```

（2）结构体变量作为函数参数（传指针）。传指针调用的例子，结论是会改变外部实参变量的值。

```c
#include <stdio.h>

struct student {
    int no;
    char name[10];
    float math, phy, eng, avg;
};

void swap(student *s1, student *s2) {            // 传指针调用
    printf("函数内，交换前：s1 = {%s}, s2 = {%s}\n", s1->name, s2->name);
    student t = *s1;
    *s1 = *s2;
```

```
        *s2 = t;
        printf("函数内，交换后：s1 = {%s}, s2 = {%s}\n", s1->name, s2->name);
}


void main(void) {
        student sa = {1001, "Zhou", 90,80,70, 80};
        student sb = {1002, "Li", 95,85,75, 85};

        printf("调用前：sa = {%s}, sb = {%s}\n", sa.name, sb.name);
        swap(&sa, &sb);
        printf("调用后：sa = {%s}, sb = {%s}\n", sa.name, sb.name);
}
```

（3）结构体变量作为函数参数（传引用）。传引用调用的例子，结论是会改变外部实参变量的值。

```
#include <stdio.h>

struct student {
        int no;
        char name[10];
        float math, phy, eng, avg;
};

void swap(student &s1, student &s2) {          // 传引用调用
        printf("函数内，交换前：s1 = {%s}, s2 = {%s}\n", s1.name, s2.name);
        student t = s1;
        s1 = s2;
        s2 = t;
        printf("函数内，交换后：s1 = {%s}, s2 = {%s}\n", s1.name, s2.name);
}

void main(void) {
        student sa = {1001, "Zhou", 90,80,70, 80};
        student sb = {1002, "Li", 95,85,75, 85};

        printf("调用前：sa = {%s}, sb = {%s}\n", sa.name, sb.name);
        swap(sa, sb);
        printf("调用后：sa = {%s}, sb = {%s}\n", sa.name, sb.name);
}
```

（4）结构体数组作为函数参数（传数组）。将结构体数组作为函数参数，结论是会改变外部实参变量的值，因为数组本来就是地址。

```
#include <stdio.h>

struct student {
        int no;
        char name[10];
        float math, phy, eng, avg;
```

```
};

// 计算平均成绩，会改变外部实参的值
void average(student s[], int n) {
    for(int i=0; i<n; i++)
    {
        s[i].avg = (s[i].math + s[i].phy + s[i].eng)/3;
    }
}


void main(void) {
    // 初始化时，平均成绩为 0
    student sa[] = {{1001, "Zhou", 90,80,70, 0}, {1002, "Li", 95,85,75, 0}};

    // 调用计算平均成绩函数 average，传值（数组）调用，但会改变外部的值
    average(sa, 2);

    // 输出平均成绩
    for(int i=0; i<2; i++)
    {
        printf("{%s} 的平均成绩是 {%.2f}\n", sa[i].name, sa[i].avg);
    }
}
```

8.3 结构体的典型应用——链表

链表是结构体的一个典型应用，本节以下述结构体定义为例来讲解链表的处理。

```
struct Node {
    int no;       // 学号
    int score;    // 成绩
};
```

链表是由若干个同类型节点用指针链接而成的数据结构。链表由表头、节点和链尾三部分组成。

- 表头：指向链表头的一个指针。表头不是节点，它指向链表的首节点。
- 节点：链表的每一个节点，每个节点都有一个指针指向下一个节点。
- 链尾：也是一个节点，不同的是它的下一个节点指针的值为 NULL（整数 0），用于表示链表的结束。类似于字符串中以 0 作为结束标志。

图 8-1 表示了一个由 4 个节点组成的链表，图中的指针 head 是表头，它指向链表的首节点（节点 1），节点 1 的 next 指针指向节点 2，节点 2 的 next 指针指向节点 3，节点 3 的 next 指针指向节点 4，节点 4 是这个链表的链尾（尾节点），它的 next 指针值为 NULL，表示链表的结束。其核心思想是通过 next 指针把 4 个节点连成一个链条，并用 head 指针来标识链条的起始位置。

图 8-1　4 个节点组成的链表（节点 4 的 next 指针值为 0）

链表的主要操作如下：

- 创建节点：Node* newNode();
- 插入节点：Node* insert(Node* head, Node* pn);
- 打印链表：void print(Node* head);
- 清空链表：Node* clearChain(Node* head);
- 查找节点：Node* findNode(Node* head, int no);
- 删除节点：Node* deleteNode(Node* head, int no);
- 按序插入节点：Node* insertByOrder(Node* head, Node* pn);

本节分为 5 个连续的小节来依次讲解上述操作，这 5 个小节应该顺序阅读和完成，从而组成一个完整的链表处理过程。

8.3.1　链表的基本操作

链表的基本操作是创建节点、插入节点和打印链表。
定义节点，代码如下：

```
struct Node
{
    int no;                 // 学号
    int score;              // 成绩
    Node *next;             // 指针变量（指向下一个节点）
};
```

为简化代码起见，结构体中的数据只有学号和成绩，而 next 指针是链表节点必需的成员。

【例 8-7】链表的基本操作（参见实训平台【实训 8-7】）。

```
#include <stdio.h>
#include <stdlib.h>

// 用结构体作为链表的节点
struct Node{
    int no;                 // 学号
    int score;              // 成绩
    Node *next;             // 指针变量（指向下一个节点）
};

// 从键盘输入的数据创建一个节点
Node* newNode(){
    Node* pn = (Node*) malloc(1*sizeof(Node));  // 创建一个新的节点

    printf("输入学号（-1 结束）: ");
    scanf("%i", &pn->no);
```

```
        if(pn->no==-1){
            free(pn);
            return NULL;          // 返回空（没有节点）
        }
        printf("输入成绩: ");
        scanf("%i", &pn->score);
        pn->next = NULL;
        return pn;
}

// 插入一个节点
Node* insert(Node* head, Node* pn){
        if(head == NULL){ // 如果是链表中的第一个节点
            head = pn;
        }else{ // 否则插入在首节点之前
            pn->next = head;
            head = pn;
        }
        return head;                 // 表头的值已被改变，所以要返回它
}

// 输出链表的各个节点到屏幕上
void print(Node* head){
        printf("节点列表如下: \n");
        Node* p = head;          // 临时指针
        while(p != NULL){
            printf("{%i} --> {%i}\n", p->no, p->score);
            p = p->next;             // 依次指向下一个节点
        }
        printf("链表输出结束\n");
}

// 主函数
void main(void) {
        Node* head = NULL;

        printf("创建链表\n");
        while(1){
            Node* pn = newNode();
            if(pn==NULL){
                break;
            }
            head = insert(head, pn);        // 插入到链表中
        }
        printf("结束创建链表\n");
        print(head);
```

```
    // 缺少回收内存的部分，下一节讲解
}
```

运行结果如下（创建了 3 个节点）：

```
创建链表
输入学号（-1 结束）：1
输入成绩：78
输入学号（-1 结束）：2
输入成绩：82
输入学号（-1 结束）：3
输入成绩：72
输入学号（-1 结束）：-1
结束创建链表
节点列表如下：
3 --> {72}
2 --> {82}
1 --> {78}
链表输出结束
```

上述代码有 4 个函数，下面分别说明。

1. newNode 函数

newNode 函数用于从键盘输入的数据动态创建一个节点，如果输入的学号是-1，则返回一个空指针，表示输入的结束。

2. insert 函数

insert 函数用于将节点插入到链表中，分为以下两种情况：

● 如果原来的链表是空的，则新节点作为唯一的一个节点，如图 8-2 所示，左图为插入新节点之前，右图为插入新节点之后。

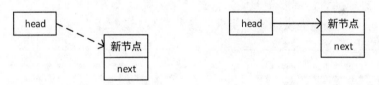

图 8-2   向空链表中插入第一个节点（虚线箭头代表将要建立的指向）

● 如果链表不是空的，这时将新节点插入到原有节点之前，新节点成为首节点，原来的首节点成为第二个节点，如图 8-3 所示，左图为插入新节点之前，右图为插入新节点之后。

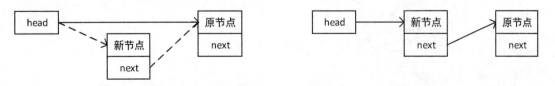

图 8-3   向非空链表中插入新节点（虚线箭头代表将要建立的指向）

3. print 函数

print 函数是输出链表中每个节点的内容，从首节点开始，直到尾节点（next 的值为 NULL

表示尾节点），如图 8-4 所示。临时指针 p 从 head 中获得首节点（节点 1）的地址，然后从节点 1 的 next 中获得节点 2 的地址，从节点 2 的 next 中获得节点 3 的地址，从节点 3 的 next 中获得节点 4 的地址，节点 4 是尾节点（next 的值为 NULL），于是循环结束。

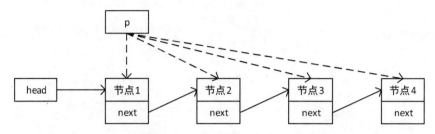

图 8-4   print 函数循环访问每个节点（虚线箭头表示依次访问）

4. main 函数

main 函数的第一行定义表头 head 并初始化为 NULL，表示这是一个空的链表，然后是一个循环，每次循环都创建一个节点，再插入到链表中，直到新节点是一个空节点（用户输入了学号为-1 的值），最后输出链表中每一个节点的值。

8.3.2   程序调试：内存中的链表

通过跟踪调试可以更好地理解链表，在调试过程中可以发现程序中的错误。

方法是在上一次实训完成的程序中，分别在 insert() 和 print() 函数中各设置一个断点，跟踪插入节点和打印节点的过程，进入断点后，按 F10 键单步跟踪，同时观察 head 及有关变量的值的变化。当 head 指向的链表有多个节点时，可以通过展开其中的加号（+）来查看节点链接的详细信息。

【例 8-8】程序调试：内存中的链表（参见实训平台【实训 8-8】）。

在 Jitor 校验器中按照提供的操作要求，参考图 8-5 进行跟踪调试。

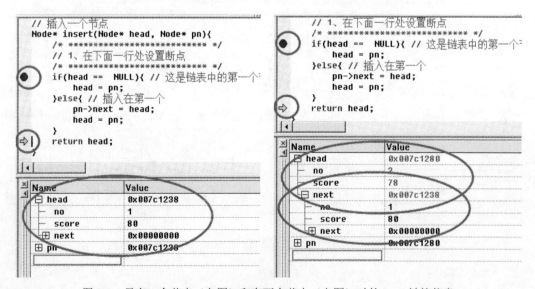

图 8-5   只有一个节点（左图）和有两个节点（右图）时的 head 链接信息

8.3.3　清空链表

清空链表是清除链表中的所有节点，并回收每个节点的空间。

【例 8-9】清空链表（参见实训平台【实训 8-9】）。

```
Node* clearChain(Node* head){
    Node* p = head;
    while(head){
        head = p->next;
        free(p);
        p = head;
    }
    printf("链表已被清空\n");
    return NULL;
}
```

在主函数中添加一行清空链表的代码（位于主函数的最后）。

```
clearChain(head);
```

清空链表的过程是先将下一节点设置为首节点，然后清除原来的首节点。下一次循环依此类推，直到所有节点清除完毕，此时链表成为空链表，即 head 为空指针。如图 8-6 所示，先将临时指针 p 指向首节点，表头 head 指向下一个节点，这时节点 2 成为新的首节点。然后回收 p 指向的原来的首节点的空间，消除首节点。循环清除每个新晋升的首节点，直到表头为空。

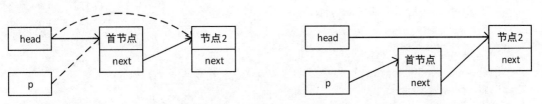

图 8-6　删除首节点（虚线箭头表示将要建立的指向）

8.3.4　查找节点

查找节点是根据学号查找，如果找到，返回这个节点；如果没有找到，返回空指针。

【例 8-10】查找节点（参见实训平台【实训 8-10】）。

```
Node* findNode(Node* head, int no){
    Node* p = head;
    while(p){
        if(p->no == no){ // 找到这个学号
            return p;
        }
        p = p->next;
    }
    printf("节点未找到！\n");
    return NULL;
}
```

在主函数中添加一段查找的代码。

```
while(1){
    int no;
    printf("输入要查找的学号（-1 表示结束查找）：");
    scanf("%i", &no);
    if(no==-1){
        break;
    }
    Node* pn = findNode(head, no);
    if(pn!=NULL){
        printf("该生的成绩是 {%i}\n", pn->score);
    }
}
```

查找节点的过程有点像打印节点（图 8-4），不同的是一旦找到符合条件的节点，循环结束；如果查找到最后一个节点都没有符合条件的节点，则返回空指针。

8.3.5 删除节点

删除节点是删除指定学号的节点，如果指定学号的节点不存在，则不删除任何节点。

【例 8-11】删除节点（参见实训平台【实训 8-11】）。

```
Node* deleteNode(Node* head, int no){
    if(!head){
        printf("链表为空，无节点可删!\n");
        return NULL;
    }

    Node* pc = head;    // 当前节点
    if(pc->no == no){   // 第一个节点为要删除的节点
        head = pc->next;
        free(pc);
        printf("删除了首节点\n");
        return head;
    }

    // 查找要删除的节点，至少是第二个节点
    Node* pa = NULL;    // 目标节点之前的节点（目标节点是当前比较的节点）
    while(pc){
        if(pc->no == no){ // 找到这个学号
            break;         // 此时 pc 保存的是将被删除的节点，pa 保存的是 pc 之前的节点
        }
        pa = pc;
        pc = pc->next;
    }
    if(!pc){
        printf("链表中未找到要删除的节点\n");
    }else{
        pa->next = pc->next;    // 链接关系中跳过当前节点
        free(pc);       // 删除当前节点
```

```
                printf("删除一个节点\n");
        }
        return head;
}
```

在主函数中添加一段删除的代码。

```
while(1){
        int no;
        printf("输入要删除的学号（-1 表示结束）: ");
        scanf("%i", &no);
        if(no==-1){
                break;
        }
        head = deleteNode(head, no);
}
```

删除节点与查找节点相似，先要根据学号找到将被删除的节点。但是找到之后的删除操作却比较复杂。如果符合删除条件的节点是首节点，则参考清空链表的代码删除首节点，否则从第 2 个节点再次查找，如果找到符合删除条件的节点（图 8-7，图中节点 3 是符合删除条件的节点），这时用临时指针 pc 保存将被删除的节点（节点 3），临时指针 pa 保存该节点之前的节点（节点 2），将节点 2 的 next 指向节点 4（pa->next = pc->next）之后，才可以安全地删除节点 3（free(pc)）。

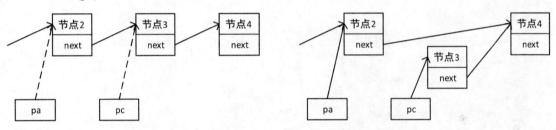

图 8-7　删除节点 3 的过程（非首节点）

8.3.6　按序插入节点

按序插入节点按照成绩的高低次序来决定节点插入的位置，成绩高的在前，成绩低的在后。

按序插入节点需要一个前提条件，要么链表为空，要么链表已经是按成绩进行排序的。因此只要从一开始就是按序插入节点，就可以维护一个按成绩排序的链表。

【例 8-12】按序插入节点（参见实训平台【实训 8-12】）。

```
Node* insertByOrder(Node* head, Node* pn){
        if(head ==   NULL){ // 这是链表中的第一个节点
                head = pn;
                return head;
        }

        if(pn->score>=head->score){ // 若新节点成绩是最高的，插在第一个位置
                pn->next = head;
                head = pn;
```

```
            return head;
        }

        // 否则，查找小于或等于其成绩的第一个节点
        Node* pc = head;        // 当前节点
        Node* pa = NULL;        // 当前节点之前的节点
        while(pc){
            if(pc->score <= pn->score){    // 找到插入点
                break;          // 此时新节点 pn 将插入到 pa 和 pc 之间
            }
            pa = pc;
            pc = pc->next;
        }
        pa->next = pn;
        pn->next = pc;

        return head;
    }
```

然后修改主函数中原来对插入节点（insert）函数的调用，改为调用按序插入节点（insertByOrder）。

```
        printf("创建链表\n");
        while(1){
            Node* pn = newNode();
            if(pn==NULL){
                break;
            }
            head = insertByOrder(head, pn);    // 插入到链表中
        }
```

按序插入节点的过程：先根据新节点的成绩找到插入的位置，然后向该位置插入新节点，分为以下 3 种情况：

- 链表为空：与无序插入新节点时新链表为空是相同的。
- 新节点的成绩大于或等于首节点：新节点插入到首节点之前，成为新的首节点，这种情况与无序插入新节点是相同的。
- 其他：从第二个节点开始查找符合条件的插入位置（图 8-8），如果根据成绩比较，已经确定新节点应该插入到节点 2 和节点 3 之间，这时将节点 2 的 next 指向新节点（pa->next = pn），将新节点的 next 指向节点 3（pn->next = pc）。

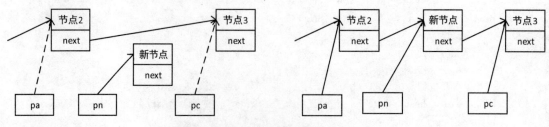

图 8-8　按序插入节点的过程（非首节点）

8.4　综合实训

1.【Jitor 平台实训 8-13】为 12 个月的英文名称设计一个枚举类型 Month，这 12 个月的名称是 JAN、FEB、MAR、APR、MAY、JUN、JUL、AUG、SEP、OCT、NOV、DEC，指定 1 月份的值为 1，依此类推。在主函数中定义一个这种枚举的变量，要求从键盘输入月份（整数），并将月份名称（即枚举元素的名称）输出到屏幕上。

2.【Jitor 平台实训 8-14】定义一个名为 Color 的枚举，它含有 3 个元素：红 RED、绿 GREEN、蓝 BLUE，值分别为 0xff0000、0x00ff00 和 0x0000ff，该值与 Web 色彩定义相同。再定义一个圆柱体结构体，含有底圆半径 radius、高 height 和颜色 color 三个属性，前两个属性为双精度，后一个属性是枚举 Color。在主函数中定义一个这种结构体变量数组，长度动态输入。要求从键盘输入数组长度，然后输入每个数组元素的圆柱体三个属性的值，最后在屏幕上输出整个数组的所有信息。

第 9 章　文件处理

本章所有实训可以在 Jitor 校验器的指导下完成。

9.1　概述

第 7 章讲解了内存中的数据，本章讲解外存中的数据，即文件。

文件是保存在外存（硬盘、U 盘等）中的，每个文件都有一个文件名，用于唯一标识文件。

9.1.1　文件名

完整的文件名由三部分组成：路径、文件名主干、文件后缀。例如下述文件名：

D:\VC60\cyy1\example1.cpp

- 路径：表示文件所在的位置，例中是 D:\VC60\cyy1\。
- 文件名主干：文件名中的主要部分，例中是 example1。
- 文件后缀：文件名中标记文件作用的部分，用小数点与文件名主干分隔，例中是 cpp。

处理文件时一定要指明文件的完整名称，上述 3 个部分缺一不可。

9.1.2　文件类型

文件有文本文件和二进制文件两种。

- 文本文件。也称 ASCII 文件，因为文件内保存的数据全部是以 ASCII 为表现形式的文本。通常后缀名是.txt、.c、.cpp 和 html 等。
- 二进制文件。文件内保存的数据是二进制数据，如图片图像文件、可执行文件、Word文档等。计算机内的文件大部分是二进制文件。

对上述两种文件的处理有一些细微但十分重要的区别。

9.2　文件的打开和关闭

9.2.1　文件指针

文件指针是指向内存中的一个文件信息区，这个信息区与文件关联在一起。C 语言采用缓冲文件系统处理文件，这个文件信息区的一部分是一个缓冲区。

- 写文件时：先把将要写到文件中的数据保存到缓冲区中，等缓冲区满了，一次性写入文件。
- 读文件时：先将文件中的一段数据一次性读到缓冲区中，然后在程序运行过程中将需要的数据赋给程序中的变量。

因此，在打开文件之前，应该先定义一个文件指针。例如以下代码：

```
FILE *fp;
```

FILE 是结构体类型，它包含一个文件的有关信息和文件缓冲区。

9.2.2　文件的打开

用 fopen 函数打开文件，其函数原型详见附录 D。例如下述代码以只读模式打开文件 D:\VC60\cyy1\example1.cpp。

```
FILE *fp;
fp = fopen("D:\\VC60\\cyy1\\example1.cpp", "r");
```

常用的文件访问模式见表 9-1。

表 9-1　常用的文件访问模式

数据格式	读取（read）	写入（write）	添加到末尾（append）
文本（text）	r	w	a
二进制（binary）	rb	wb	ab

注意以下几点：

- 读取：打开用于读取的文件应该是原先已经存在的，否则出错。
- 写入：打开用于写入的文件，它原先的内容会被删除，如果它原先不存在，则创建一个新文件。
- 添加：打开用于添加的文件，如果原先它并不存在，则它将被创建；如果它已经存在，则它原先的内容不会被删除，无论是哪种情况都只能在文件的尾部写入。

如果打开文件失败，例如以只读方式打开一个不存在的文件，fopen 函数会返回一个值——0，即 NULL。因此，正确打开一个文件的方式如下：

```
FILE *fp;
if((fp = fopen("D:\\VC60\\cyy1\\example1.cpp", "r")) == NULL){
    printf("打开文件失败。");
    exit(0);    // 不能继续执行后续的处理
}
```

9.2.3　文件的关闭

在文件读写完毕后，应该关闭文件，其函数原型详见附录 D。例如下述代码关闭前面打开的文件。

```
fclose(fp);
```

fclose 函数的功能是清空缓冲区中的数据，关闭文件，并释放用于该文件的内存。如果写文件后没有关闭文件，那么保存在缓冲区中的数据就不会真正写到文件中，从而造成数据的丢失。如果读文件后没有关闭文件，那么也会造成内存空间的浪费。

应该养成及时关闭文件的良好习惯，如果不关闭文件，一方面可能造成数据的丢失，另一方面可能因为程序占用过多资源而造成崩溃。

9.3 文件的读写

输入输出函数对文本文件和二进制文件的读写方式是不同的。表 9-2 中是一些常用的函数，这些函数的详细说明见附录 D。

表 9-2 常用的输入输出函数

文件类别	数据类型	输入函数	输出函数	描述
文本 （标准输入输出）	字符	getchar	putchar	读取（写入）单个字符
	文本行	gets	puts	无格式化的输入（输出）
	文本行	scanf	printf	格式化的输入（输出）
文本文件	字符	fgetchar	fputchar	读取（写入）单个字符
	文本行	fgets	fputs	无格式化的输入（输出）
	文本行	fscanf	fprintf	格式化的输入（输出）
二进制文件	二进制数据	fread	fwrite	读取（写入）二进制数据

有些函数（如 gets、scanf 和 printf）已经多次使用，但都是针对标准输入输出（键盘和屏幕）进行的，标准输入和标准输出都不需要打开和关闭，因此可以直接访问。

对文件进行操作，在开始时需要打开文件，结束时需要关闭文件。一般的流程如下：

（1）打开文件：根据需求，以一定的访问模式打开文件，如果文件打开失败，中止操作。

（2）读写操作：根据需求，读取文件内容或将数据写入文件。通常这个操作都是一个循环，例如读一个文件中的每个字符，直到文件结束。

（3）关闭文件：读或写结束后应该及时关闭文件。

判断文件结束要用 feof 函数，因此一个典型的读文件的流程如下：

```
FILE *fp = fopen("D:\\abc.txt", "r");    // 打开文件（这里没有考虑打开失败的情况）

while(!feof(fp)){    // 循环直到文件末尾
    putchar(fgetc(fp));    // 读一个字符并输出到屏幕上
}

fclose(fp);    // 关闭文件
```

下面以这种思路分几种情况加以说明。

9.3.1 读取文本文件

读取文本文件是比较简单的，只需完善上述代码即可。

【例 9-1】读取文本文件输出到屏幕上（参见实训平台【实训 9-1】）。

```
#include <stdio.h>

void main(void){
    FILE *fp;
    if((fp = fopen("D:\\abc.txt", "r"))==NULL){ // 打开文件
```

```
        printf("打开 D:\\abc.txt 文件失败，请手动创建这个文件，再次测试。\n");
        return; // 不能继续执行后续的处理
    }

    char ch;
    while(!feof(fp)){ // 循环直到文件末尾
        ch = fgetc(fp);    // 读一个字符
        putchar(ch);       // 输出到屏幕上
    }

    printf("\n");
    fclose(fp);        // 关闭文件
    printf("读出文本文件完成。\n");
}
```

9.3.2 写入文本文件

写入文本文件与读取文本文件的代码类似，不同点如下：

● 访问模式：用 w 或 a，前者新建文件，后者添加文件。
● 读改为写：读的函数是 fgetc 或 fgets，写的函数是 fputc 或 fputs。
● 循环结束条件：判断依据不同。

下面的例子是以用户输入一个空字符串（长度为 0 的字符串）作为结束条件的。

【例 9-2】读取键盘输入写入到文本文件上（参见实训平台【实训 9-2】）。

```
#include <stdio.h>

void main(void){
    FILE *fp;
    if((fp = fopen("D:\\abc.txt", "a"))==NULL){ // 添加到文件尾
        printf("打开文件失败。\n");
        return;        // 不能继续执行后续的处理
    }

    char str[80];
    do{
        gets(str);
        fputs(str, fp);
        fputs("\n", fp);    // 添加一个换行符
    }while(str[0]!=0);        // 空字符串

    fclose(fp);
    printf("写入文本文件完成。\n");
}
```

复制文本文件

9.3.3 复制文本文件

复制文本文件就是读取文件后再输出到另一个文件，下面用例子加以说明。

【例 9-3】读取文本文件输出到另一个文件（参见实训平台【实训 9-3】）。

（1）方式一：每次读一个字符。

```c
#include <stdio.h>

void main(void){
    FILE *fp;
    if((fp = fopen("D:\\abc.txt", "r"))==NULL){ // 打开文件用于读
        printf("打开 abc.txt 文件失败。\n");
        return;      // 不能继续执行后续的处理
    }

    FILE *fp1;
    if((fp1 = fopen("D:\\abc1.txt", "w"))==NULL){ // 打开文件用于写
        printf("打开 abc1.txt 文件失败。\n");
        return;      // 不能继续执行后续的处理
    }

    char ch;
    while(!feof(fp)){ // 循环直到文件末尾
        ch = fgetc(fp);     // 读一个字符
        fputc(ch, fp1);     // 输出到另一个文件
    }

    fclose(fp);      // 关闭文件
    fclose(fp1);     // 关闭文件
    printf("文本文件复制完成。\n");
}
```

（2）方式二：每次读一行。

将方式一代码中的循环部分改为如下代码：

```c
    char buf[200];
    while(!feof(fp)){     // 循环直到文件末尾
        fgets(buf, 200, fp);    // 读一个字符串（一行字符）
        fputs(buf, fp1);        // 输出到另一个文件
    }
```

9.3.4 格式化读写文件

如果要读或写的数据是一个数组或者一个结构体变量，则需要以一定的格式进行读写，这时需要用到功能强大的 fprintf 或 fscanf 函数，函数名中的第一个 f 表示文件，最后一个 f 表示格式。

1. 格式化写文件

【例 9-4】格式化写文件（参见实训平台【实训 9-4】）。

将表 8-2 中的学生成绩数据写到文件中，采用输出 fprintf 函数实现。

```c
#include <stdio.h>
struct Student {
```

```
        int no;
        char name[10];
        float math, phy, eng, avg;
};

void main(void){
        Student sw193[] = {{1001, "Zhou", 90, 85.5, 80},
                {1002, "Li", 75, 80, 85},
                {1003, "Wang", 95, 85, 90}};

        FILE *fp;
        if((fp = fopen("D:\\abc.csv", "w"))==NULL){ // 新建一个文件，后缀为.csv 的文件可被 Excel 打开
                printf("打开文件失败。\n");
                return;       // 不能继续执行后续的处理
        }

        fputs("no,name,math,phy,eng\n", fp);
        for(int i=0; i<3; i++){
                fprintf(fp, "%i,%s,%.1f,%.1f,%.1f\n", sw193[i].no,
                        sw193[i].name,sw193[i].math,sw193[i].phy,sw193[i].eng);
        }

        fclose(fp);
        printf("数据成功写入到文件中。\n");
}
```

程序执行结束后，用记事本打开生成的文件 D:\abc.csv，内容如下：

```
no,name,math,phy,eng
1001,Zhou,90.0,85.5,80.0
1002,Li,75.0,80.0,85.0
1003,Wang,95.0,85.0,90.0
```

CSV 是一种通用的、相对简单的文件格式，可以用多种软件打开它。例如用 Excel 打开文件 D:\abc.csv，结果如图 9-1 所示。

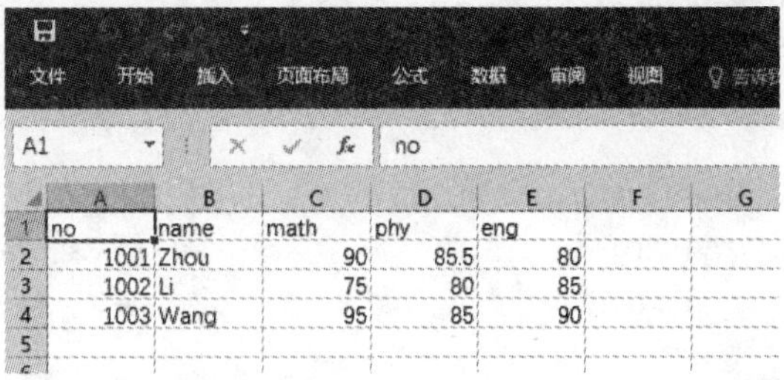

图 9-1　用 Excel 打开文件

2. 格式化读文件

【例 9-5】格式化读文件（参见实训平台【实训 9-5】）。

这个例子是从上一个例子生成的文件中读出数据，采用 fscanf 函数将每个数据赋值给结构

体数组的元素，经过处理（求平均成绩）后输出到屏幕上。

```
#include <stdio.h>
struct Student {
    int no;
    char name[10];
    float math, phy, eng, avg;
};


void main(void){
    Student sw193[10];        // 最多读取 5 位学生的成绩

    FILE *fp;
    if((fp = fopen("D:\\abc.csv", "r"))==NULL){ // 读取前一个实训写的文件
        printf("打开文件失败。\n");
        return;        // 不能继续执行后续的处理
    }

    char buf[80];
    fgets(buf, 80, fp);        // 第一行是标题，读取后丢弃

    int i = 0;
    while(!feof(fp)){
        // 格式中的 [^,] 表示读姓名时直到逗号结束；其他的逗号表示分隔符，读取并丢弃
        fscanf(fp, "%i,%[^,],%f,%f,%f", &sw193[i].no,
            &sw193[i].name,&sw193[i].math,&sw193[i].phy,&sw193[i].eng);
        i++;
    }
    fclose(fp);

    int count = i - 1;        // 最后一次循环是空的，所以减 1
    // 计算平均成绩
    for(i=0; i<count; i++){
        sw193[i].avg =   (sw193[i].math+sw193[i].phy+sw193[i].eng)/3;
    }

    printf("从文件中读出的成绩数据如下：\n");
    for(i=0; i<count; i++){
        printf("{%i}\t", sw193[i].no);
        printf("{%s}\t", sw193[i].name);
        printf("{%.1f}\t", sw193[i].math);
        printf("{%.1f}\t", sw193[i].phy);
        printf("{%.1f}\t", sw193[i].eng);
        printf("{%.2f}\n", sw193[i].avg);
    }
}
```

9.3.5　复制二进制文件

读写二进制文件与读写文本文件是类似的，不同之处有以下两点：

- 打开文件时访问模式加一个字符"b"，表示是二进制文件。
- 读写用的函数分别是 fread 和 fwrite。

【例 9-6】复制二进制文件（参见实训平台【实训 9-6】）。

```
#include <stdio.h>

void main(void){
    FILE *fp;
    if((fp = fopen("D:\\abc.jpg", "rb"))==NULL){ // 打开文件用于读（访问模式加上"b"）
        printf("打开 abc.txt 文件失败。\n");
        return;    // 不能继续执行后续的处理
    }

    FILE *fp1;
    if((fp1 = fopen("D:\\abc1.jpg", "wb"))==NULL){ // 打开文件用于写（访问模式加上"b"）
        printf("打开 abc1.txt 文件失败。\n");
        return;    // 不能继续执行后续的处理
    }

    char buf[200];
    while(!feof(fp)){    // 循环直到文件末尾
        // 用 fread 和 fwrite 函数实现二进制文件的读和写
        int count = fread(buf, 1, 200, fp);    // 读取 0～200 个字节（最后一次不满 200 个字节）
        fwrite(buf,1, count, fp1);             // 写入读到的 0～200 个字节
    }

    fclose(fp);      // 关闭文件
    fclose(fp1);     // 关闭文件
    printf("二进制文件复制完成。\n");
}
```

例子中是复制一个图片文件（后缀为.jpg），可以通过照片浏览器观看复制的图片文件，验证复制是否成功。

9.4　文件操纵

在操作系统中，可以直接删除一个文件或者对文件改名。在 C 中，可以通过编程实现这些操作。

9.4.1　删除文件

删除文件使用 remove 函数，其语法格式详见附录 D。下面是一个例子。

```
    int err = remove("D:\\abc.jpg");
    if(err==0){
        printf("成功删除文件。\n");
    }else{
        printf("删除文件失败，出错码是%i。\n", err);
    }
```

9.4.2 文件改名

文件改名使用 rename 函数，其函数原型详见附录 D。下面是一个例子。

```
    int err = rename("D:\\abc.jpg", "D:\\newName.jpg");
    if(err==0){
        printf("成功对文件进行改名。\n");
    }else{
        printf("文件改名失败，出错码是%i。\n", err);
    }
```

本章讲解的文件处理函数见附录 D。

9.5 综合实训

1.【Jitor 平台实训 9-7】编写一个程序，将从键盘输入的二维整数数组写入指定的文件中，每个元素间以逗号分隔，数组的每一行在文件中也成为一行。

2.【Jitor 平台实训 9-8】编写一个程序，将文件 D:\\abc\\newName.jpg 改名为 e:\\newName.jpg。注意，新旧文件名是在不同的盘符下。

3.【Jitor 平台实训 9-9】编写一个复制二进制文件的命令行版本的程序。运行时源文件名和目标文件名不直接从键盘输入，而是通过命令行中的参数传给程序。

下面是部分源代码。其中 main 函数的参数的含义和用法请上网查询。

```
#include <stdio.h>
/*
这是一个文件复制程序，采用命令行方式使用
主函数的返回值具有以下含义：
    1 表示命令行格式不正确
    2 表示源文件找不到或无法打开
    3 表示目标文件已存在或无法打开
    9 表示其他可能的错误（如硬盘空间不够，不需要实现）
    0 表示复制正常并完成
*/
int main( int argc, char *argv[] ) {
    if(argc!=3){
        printf("文件复制程序使用方法：\n\n");
        printf("cpp10 源文件名 目标文件名\n\n");
        return 1;     // 命令行格式不正确
```

```
    }else{
        printf("将把 {%s} 复制到 {%s}中\n", argv[1], argv[2]);
        // 文件复制的代码写在这里

    }

    return 0;      // 复制正常并完成
}
```

第 10 章　综合项目

综合项目分为两个部分：第一部分是按照 Jitor 校验器的要求，一步一步地完成一个项目开发的全过程，从需求分析、技术选型、功能设计、结构体设计、程序结构设计，一直到代码编写，体验一个完整的实际项目开发过程；第二部分是自选题目，参考第一部分的设计和开发过程自行完成项目，在这个过程中，可以参考第一部分的源代码，有些部分要自行编写，有些可以直接复制，而有些则是复制以后需要进行修改。自选题目没有答案，只要完成自己预先设计的功能即可。

本章可作为课程设计使用。

10.1　学生管理系统

10.1.1　需求分析

（1）项目名称。小型学生管理系统。

（2）项目需求。管理几个班级学生的三门课程成绩，具有数据录入、成绩输出、查询、删除、成绩排序功能，并能够将成绩写入文件中，需要时再从文件中读出。

（3）信息收集。需要管理的学生信息有学号、姓名、年龄、性别、班级名、三门课程的成绩。

10.1.2　技术选型和功能设计

（1）技术选型。采用结构体存储学生的信息，采用链表存储每位学生，可以方便地增加元素、动态删除元素和排序。

（2）功能设计。针对链表的操作及文件访问设计了 9 项功能。其中第 9 项"按班级查询"功能没有实现，读者可以自行编写代码实现。

（3）界面设计。采用字符界面输出文本菜单，用户通过按键选择所需功能，如图 10-1所示。

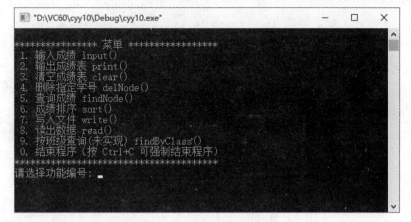

图 10-1 学生管理系统界面

10.1.3 程序结构设计

共有 5 个源代码文件，如图 10-2 所示，其中 Main.cpp 是含有主方法的主文件。

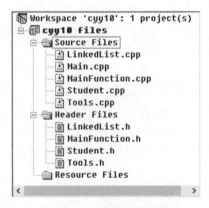

图 10-2 源代码文件列表

其他 4 个源代码文件都有相应的头文件，头文件中列出了源代码文件中的函数原型，这些函数原型被需要的源代码文件包含。

头文件的基本结构如下（以 Student.h 文件为例）：

```
#ifndef STUDENT_H_
// 防止重复包含以下内容
#define STUDENT_H_

// 函数原型、结构体定义、宏定义等

#endif /* STUDENT_H_ */
```

10.1.4 项目实现

项目实现是模仿实际项目开发的各个阶段，由简单到复杂，共分为 5 个阶段，一个阶段一个阶段地完成整个项目。

每个阶段都有各自的要求，不要超过当前阶段的要求把全部代码一次性输入，而是根据当前阶段的功能要求选择性地输入需要的代码，这就要求认真阅读完整的代码，理解代码，然后才能根据需要选择使用。

（1）【Jitor 平台实训 10-1】主菜单的设计与实现。在 Jitor 校验器上，对照 10.1.5 节中的项目源代码完成该实训所要求的功能。

（2）【Jitor 平台实训 10-2】Student 结构体的设计和实现。在 Jitor 校验器上，对照 10.1.5 节中的项目源代码完成该实训所要求的功能。

（3）【Jitor 平台实训 10-3】链表的设计和实现（一、输入、输出、清空）。在 Jitor 校验器上，对照 10.1.5 节中的项目源代码完成该实训所要求的功能。

（4）【Jitor 平台实训 10-4】链表的设计和实现（二、删除节点、查询节点）。在 Jitor 校验器上，对照 10.1.5 节中的项目源代码完成该实训所要求的功能。

（5）【Jitor 平台实训 10-5】链表的设计和实现（三、排序、读写文件）。在 Jitor 校验器上，对照 10.1.5 节中的项目源代码完成该实训所要求的功能。

10.1.5　项目完整源代码

主函数的标准写法是有返回值的，本书为了方便，第 1～9 章的例子都写为无返回值的形式。本章采用有返回值的写法，代码如下：

```
int main(void) {
    // 代码
    return 0;          // 主函数的返回值是返回给操作系统的
}
```

下面是整个项目完成后 9 个文件的完整代码，供读者参考。

1. Main.cpp

```
#include <stdio.h>
#include <stdlib.h>
#include "MainFunction.h"
#include "Tools.h"

void mainMenu();    // 主菜单函数的函数原型
char *fileName = "d:\\student.csv";

int main(void) { // 主函数
    while (1) { // 永远为真，无限循环
        mainMenu();
    }
    return 0;
}

/* 测试数据
1
1001 c193 Zhang 19 M 86 82 75
```

```
y
1002 c193 Li 20 F 87 92 85
y
1003 c193 Wang 21 M 77 62 75
n
2
1
1004 c194 Zhao 20 F 47 63 55
y
1005 c194 Sun 18 M 72 82 72
n
2

*/

// 主菜单函数
void mainMenu(){
    printf("\n");
    printf("*************** 菜单 ****************\n");
    printf(" 1. 输入成绩  input()\n");
    printf(" 2. 输出成绩表  print()\n");
    printf(" 3. 清空成绩表  clear()\n");
    printf(" 4. 删除指定学号  delNode()\n");
    printf(" 5. 查询成绩  findNode()\n");
    printf(" 6. 成绩排序  sort()\n");
    printf(" 7. 写入文件  write()\n");
    printf(" 8. 读出数据  read()\n");
    printf(" 9. 按班级查询（未实现）findByClass()\n");
    printf(" 0. 结束程序（按 Ctrl+C 组合键可强制结束程序）\n");
    printf("*********************************\n");

    // 读取用户的选择
    printf("请选择功能编号：");
    char choice = getChoice();

    // 根据用户的选择执行不同的代码
    switch (choice) {
    case '1':
        printf("{========输入成绩========}\n");
        MainInput();
        break;
    case '2':
        printf("{========输出成绩表========}\n");
        MainPrint();
        break;
```

```
            case '3':
                printf("{=========清空成绩表=========}\n");
                MainClear();
                break;
            case '4':
                printf("{=========删除指定学号=========}\n");
                MainDelNode();
                break;
            case '5':
                printf("{=========查询成绩=========}\n");
                MainFindNode();
                break;
            case '6':
                printf("{=========成绩排序=========}\n");
                MainSort();
                break;
            case '7':
                printf("{=========写入文件=========}\n");
                MainWrite();
                break;
            case '8':
                printf("{=========读出数据=========}\n");
                MainRead();
                break;
            case '9':
                printf("{=========按班级查询=========}\n");
                // TODO: 待完成
                break;
            case '0':
                printf("{=========结束程序=========}\n");
                exit(0);    // 无限循环中，必须要有退出循环的地方
                break;
            default:
                printf("{=========重新选择=========}\n");    // 提示用户选择错误
        }
    }
```

2. MainFunction.h

```
#ifndef MAINFUNCTION_H_
// 防止重复包含以下内容
#define MAINFUNCTION_H_

//1. 输入成绩
void MainInput();
```

```
//2. 输出成绩
void MainPrint();

//3. 清空成绩
void MainClear();

//4. 删除指定
void MainDelNode();

//5. 查询成绩
void MainFindNode();

//6. 成绩排序
void MainSort();

//7. 写入文件
void MainWrite();

//8. 读出数据
void MainRead();

//9. 按班级查询
// 待实现（学生可以自己去完成）

#endif /* MAINFUNCTION_H_ */
```

3. MainFunction.cpp

```
#include <stdio.h>
#include <stdlib.h>
#include "LinkedList.h"
#include "Student.h"
#include "Tools.h"

//1. 输入成绩
void MainInput() {
    while (1) {
        Student* s = (Student*) malloc(1*sizeof(Student));       // 动态分配内存
        inputStudent(s);
        linkedListAppend(s);

        printf("继续吗（y/n）？ ");
        char c = getChoice();
        if (c != 'y') {
            return;
        }
```

```
    }
}

//2. 输出成绩
void MainPrint() {
    linkedListPrint();
}

//3. 清空成绩
void MainClear() {
    printf("将要清空全部数据，继续吗（y/n）？ ");
    char c = getChoice();
    if (c == 'y') {
        linkedListClear();
    }
}

//4. 删除指定
void MainDelNode() {
    while (1) {
        int id;
        printf("输入要删除的学号： ");
        scanf("%i", &id);
        linkedListDelNode(id);

        printf("继续吗（y/n）？ ");
        char c = getChoice();
        if (c != 'y') {
            return;
        }
    }
}

//5. 查询成绩
void MainFindNode() {
    int id;
    printf("查找的学号： ");
    scanf("%i", &id);
    Student *s = linkedListFindNode(id);
    if (s != NULL) {
        showStudentData(s);
    }else{
        printf("{未找到}");
    }
}
```

```cpp
//6. 成绩排序
void MainSort() {
    linkedListSort();
}

//7. 写入文件
void MainWrite() {
    linkedListWriteToFile();
}

//8. 读出数据
void MainRead() {
    linkedListReadFromFile();
}

//9. 按班级查询
// 待实现（学生可以自己去完成）
```

4. LinkedList.h

```cpp
#ifndef LINKEDLIST_H_
// 防止重复包含以下内容
#define LINKEDLIST_H_

#include "Student.h"

// 这是链表的节点，非常简单，用结构体来定义
struct Node {                          // 结构体，链表的节点
    Student *data;                     // 节点中有一个学生的数据
    Node *next;                        // 下一个节点
};

void linkedListAppend(Student *pn);    // 将节点添加到链尾
void linkedListPrint();                // 输出链表到屏幕上
void linkedListClear();                // 清空链表
Student *linkedListFindNode(int id);   // 查找指定的节点
void linkedListDelNode(int id);        // 删除指定的节点
void linkedListSort();                 // 排序
void linkedListWriteToFile();          // 写入到文件中
void linkedListReadFromFile();         // 从文件中读数据

#endif /* LINKEDLIST_H_ */
```

5. LinkedList.cpp

```cpp
#include <stdio.h>
#include <stdlib.h>
```

```
#include "LinkedList.h"
#include "Student.h"

// 外部变量（文件名），写入或读取都是用这个文件名（在 Main.cpp 文件中定义）
extern char *fileName;

Node* head;    // 链表的头指针

void linkedListAppend(Student *s) {
    Node* pn = (Node*) malloc(1*sizeof(Node));   // 创建一个新的节点
    pn->data = s;              // 节点包含了要插入的学生实例
    if (head == NULL) {        // 链表为空，添加为首节点

        head = pn;
        pn->next = NULL;
        printf("{添加为首节点}\n");
    } else {               // 否则插入到当前节点之后

        Node *p = head;           // 链表头指针赋给 p
        while (p->next != NULL) {  // 找到尾节点

            p = p->next;
        }
        p->next = pn;        // 添加到尾节点之后
        pn->next = NULL;
        printf("{添加到节点之后}\n");
    }
}

// 打印链表
void linkedListPrint() {
    if (!head) {
        printf("{链表为空}\n");
        return;
    }

    Node *p = head;            // 链表头指针赋给 p

    printf("{输出链表中各节点值：}\n");
    showStudentTitle();
    while (p) {
        showStudentData(p->data);
        p = p->next;
```

```
    }
}

// 清空链表
void linkedListClear() {
    Node *p = head;          // 链表头指针赋给 p
    while (head) {           // 当链表非空时删除节点

        head = p->next;      // 将链表下一个节点指针赋给 head
        printf("{删除  %i}\n", p->data->id);
        free(p->data);       // 先删除数据
        free(p);             // 删除链表第一个节点
        p = head;            // 再将头指针赋给 p
    }
    printf("{整个链表被删除}\n");
}

// 查找节点
Student *linkedListFindNode(int id) {
    Node *p = head;

    while (p) {
        if (p->data->id == id) {
            return p->data;  // 返回找到的节点
        }
        p = p->next;
    }
    printf("{节点  id=%i}\n", id);
    return NULL;             // 返回空指针，表示未找到
}

// 删除指定节点
void linkedListDelNode(int id) {
    if (head == NULL){       // 链表为空
        printf("{链表为空，无节点可删！}\n");
        return;
    }

    Node *pc = head;         // 当前节点，初始化为首节点
    if (pc->data->id == id){ // 首节点为要删除的节点
        head = pc->next;     // 将第二个节点的地址赋给 head
        free(pc->data);
        free(pc);            // 删除首节点
```

```
            printf("{删除了首节点！}\n");
            return;
        }


        Node *pa = head;                // 当前节点之后的节点
        while (pc != 0 && pc->data->id != id){  // 查找要删除的节点
            pa = pc;                    // 当前节点地址由 pc 赋给 pa
            pc = pc->next;              // pc 指向下一个节点，成为当前节点
        }


        if (pc == NULL){                // pc 为空，表示未找到
            printf("{链表中没有要删除的节点！}\n");
        } else{                         // 否则是找到
            pa->next = pc->next;        // 将下一个节点地址赋给上一个节点指针
            free(pc->data);
            free(pc);                   // 删除指定节点
            printf("{删除一个节点！}\n");
        }
    }


// 以总成绩排序（冒泡法）
void linkedListSort() {
    Node *pc = head;
    Node *pt = NULL;
    while (pc != pt) {
        while (pc->next != pt) {
            if (getStudentAvgScore(pc->data) > getStudentAvgScore(pc->next->data)) {
                Student *t = pc->data;
                pc->data = pc->next->data;
                pc->next->data = t;
            }
            pc = pc->next;
        }
        pt = pc;
        pc = head;
    }
    printf("排序完成（成绩从低到高）\n");
}


// 写入文件中
void linkedListWriteToFile() {
    FILE *fp;
    fp = fopen(fileName, "w");          // 打开目的文件
```

```
        if (fp==NULL) {
            printf("不能打开目的文件：%s", fileName);
            return;
        }

        fprintf(fp, "学号,班级,姓名,年龄,性别,CPP,SQL,Java\n");

        Node *p = head;                    // 链表头指针赋给 p
        while (p) {
            Student* s = p->data;
            fprintf(fp, "%i,%s,%s,%i,%c",s->id, s->className, s->name, s->age, s->sex);
            for (int i = 0; i < COURSE_NO; i++) {
                fprintf(fp, ",%i", s->score[i]);
            }
            fprintf(fp, "\n");
            p = p->next;
        }

        fclose(fp);                // 关闭目的文件
        printf("{写入文件中}\n");
}


// 从文件中读取
void linkedListReadFromFile() {
        FILE *fp;
        fp = fopen(fileName, "r");          // 打开源文件
        if (fp==NULL) {
            printf("不能打开输入文件：%s", fileName);
            return;
        }

        char line[80];
        fgets(line, 80, fp);        // 读取第一行的表头文字并丢弃

        while (!feof(fp)) {
            Student* s = (Student*) malloc(1*sizeof(Student));  // 动态分配内存

            fscanf(fp, "%i,%[^,],%[^,],%i,%c,%i,%i,%i",&s->id,
                        &s->className, &s->name, &s->age, &s->sex,
                        &s->score[0], &s->score[1], &s->score[2]);
            if(feof(fp)){
                break;        // 防止添加一个空的学生记录
            }
```

```
            linkedListAppend(s);    // 添加到链表中
    }

    printf("从文件读取数据结束\n");
    fclose(fp);          //关闭源文件
}
```

```
// 还有按班级查询（结果直接显示到屏幕上），比较简单，与打印链表的代码相似
// 读者可以自己去完成
```

6. Student.h

```
#ifndef STUDENT_H_
// 防止重复包含以下内容
#define STUDENT_H_

// 课程门数：3 门，分别是 C++、SQL、Java
#define    COURSE_NO 3

struct Student {
    int id;                      // 学号
    char className[20];          // 班级名
    char name[20];               // 姓名
    int age;                     // 年龄
    char sex;                    // 性别
    int score[ COURSE_NO];       // 几门课程的成绩（数组）
};

// 从键盘输入学生信息
void inputStudent(Student* s);
// 显示列名
void showStudentTitle();
// 求平均成绩
float getStudentAvgScore(Student* s);
// 显示数据
void showStudentData(Student* s);

#endif /* STUDENT_H_ */
```

7. Student.cpp

```
#include <stdio.h>
#include "Student.h"

// 从键盘输入学生信息
void inputStudent(Student* s) {
    printf("学号 班级 姓名 年龄 性别 C++ SQL Java （班级和姓名中不能有空格）\n");
```

```
        scanf("%i %s %s %i %c", &s->id, &s->className, &s->name, &s->age, &s->sex);
        for (int i = 0; i < COURSE_NO; i++) {
                scanf("%i", &s->score[i]);
        }
}


// 显示列名
void showStudentTitle() {
        printf("{学号,班级名,姓名,年龄,性别,C++,SQL,Java,平均成绩}\n");
}


// 求平均成绩
float getStudentAvgScore(Student* s) {
        float sum = 0;
        for (int i = 0; i < COURSE_NO; i++) {
                sum += s->score[i];
        }
        return sum / COURSE_NO;
}


// 显示数据
void showStudentData(Student* s) {
        printf("{%i %s %s %i %c ",s->id, s->className, s->name, s->age, s->sex);
        for (int i = 0; i < COURSE_NO; i++) {
                printf(" %i", s->score[i]);
        }
        printf(",%.2f}\n", getStudentAvgScore(s));
}
```

8. Tools.h

```
#ifndef TOOLS_H_
// 防止重复包含以下内容
#define TOOLS_H_


// 工具中只有一个函数
char getChoice();


#endif /* TOOLS_H_ */
```

9. Tools.cpp

```
#include <stdio.h>


char getChoice(){ // 获取用户的选择
        char choice;
        setbuf(stdin, NULL);        // 清空键盘缓冲区
```

```
    scanf("%c", &choice);
    setbuf(stdin, NULL);        // 清空键盘缓冲区
    return choice;
}
```

10.1.6　开发过程总结

在完成项目之后，再重新整理一遍思路，重新审视整个过程。从需求分析开始，在回顾开发过程中，想一想为什么要这样设计，最终的结果是否满足了需求。然后再做几遍这个项目，也可以尝试脱离 Jitor 校验器的指导，尽量不参考教程中的源代码，独立自主地完成。

要重视项目的需求分析和系统设计，在写代码之前把设计做好。设计分为系统设计、功能设计、结构体设计、程序结构设计等，设计好后再开始写代码。

10.2　自定义管理系统

由读者自行选择一个系统，如图书管理系统、宿舍管理系统、工资管理系统、考勤管理系统、商品销售管理系统、餐饮管理系统等。

由读者设计，参考 13.1 节中的设计和实现过程进行设计和编码实现，完成基本的功能。

这部分内容属于创新性设计，因此不在 Jitor 校验器的检查范围之内。

参考文献

[1] 侯正昌，周志德. C++程序设计[M]. 4版. 北京：电子工业出版社，2015.

[2] 谭浩强. C++程序设计[M]. 3版. 北京：清华大学出版社，2015.

[3] 谭浩强. C语言程序设计[M]. 3版. 北京：清华大学出版社，2014.

[4] 史蒂芬·普拉达. C Primer Plus[M]. 6版. 姜佑，译. 北京：人民邮电出版社，2016.

附录 A ASCII 码表

控制字符			可打印字符								
Dec	Hex	含义	Dec	Hex	字符	Dec	Hex	字符	Dec	Hex	字符
0	00	NUL	32	20	(space)	64	40	@	96	60	`
1	01	SOH	33	21	!	65	41	A	97	61	a
2	02	STX	34	22	"	66	42	B	98	62	b
3	03	ETX	35	23	#	67	43	C	99	63	c
4	04	EOT	36	24	$	68	44	D	100	64	d
5	05	ENQ	37	25	%	69	45	E	101	65	e
6	06	ACK	38	26	&	70	46	F	102	66	f
7	07	BEL	39	27	'	71	47	G	103	67	g
8	08	BS	40	28	(	72	48	H	104	68	h
9	09	HT	41	29	)	73	49	I	105	69	i
10	0A	LF	42	2A	*	74	4A	J	106	6A	j
11	0B	VT	43	2B	+	75	4B	K	107	6B	k
12	0C	FF	44	2C	,	76	4C	L	108	6C	l
13	0D	CR	45	2D	-	77	4D	M	109	6D	m
14	0E	SO	46	2E	.	78	4E	N	110	6E	n
15	0F	SI	47	2F	/	79	4F	O	111	6F	o
16	10	DLE	48	30	0	80	50	P	112	70	p
17	11	DC1	49	31	1	81	51	Q	113	71	q
18	12	DC2	50	32	2	82	52	R	114	72	r
19	13	DC3	51	33	3	83	53	S	115	73	s
20	14	DC4	52	34	4	84	54	T	116	74	t
21	15	NAK	53	35	5	85	55	U	117	75	u
22	16	SYN	54	36	6	86	56	V	118	76	v
23	17	ETB	55	37	7	87	57	W	119	77	w
24	18	CAN	56	38	8	88	58	X	120	78	x
25	19	EM	57	39	9	89	59	Y	121	79	y
26	1A	SUB	58	3A	:	90	5A	Z	122	7A	z
27	1B	ESC	59	3B	;	91	5B	[	123	7B	{
28	1C	FS	60	3C	<	92	5C	\	124	7C		
29	1D	GS	61	3D	=	93	5D	]	125	7D	}
30	1E	RS	62	3E	>	94	5E	^	126	7E	~
31	1F	US	63	3F	?	95	5F	_	127	7F	DEL

注：Dec 表示十进制，Hex 表示十六进制。

附录 B　运算符与优先级

优先级	运算符	含义	操作数	结合性
1	( ) [ ] . ->	圆括号 索引运算符 成员运算符 指向成员运算符		自左至右
2	! ~ +、- ++、-- (类型) * & sizeof	逻辑非运算符 按位取反运算符 正、负运算符 自增、自减运算符 类型转换运算符 指针运算符 取地址运算符 长度运算符	一元	自右至左
3	*、/、%	乘、除、求余运算符	二元	自左至右
4	+、-	加、减运算符	二元	自左至右
5	<<、>>	左移、右移运算符	二元	自左至右
6	<、<=、>、>=	关系运算符	二元	自左至右
7	==、!=	等于、不等于运算符	二元	自左至右
8	&、^、|	按位与、按位异或、按位或运算符	二元	自左至右
9	&&、||	逻辑与、逻辑或运算符	二元	自左至右
10	?:	条件运算符	三元	自右至左
11	=、+=、-=、*=、/=、%=	赋值运算符、复合赋值运算符	二元	自右至左
12	,	逗号运算符		自左至右

附录 C　输入输出控制符

附表　printf 格式和 scanf 格式

类别	格式	printf 格式	scanf 格式
整数	%d	输出有符号十进制整数	把输入解释成一个有符号十进制整数
	%i		
	%o	输出无符号八进制整数	把输入解释成一个有符号八进制整数
	%x	输出无符号十六进制整数（小写）	把输入解释成一个有符号十六进制整数
	%X	输出无符号十六进制整数（大写）	
浮点数	%f	输出单（双）精度浮点数（十进制记数法）	把输入解释成单精度浮点数（十进制记数法）
	%lf		把输入解释成双精度浮点数（十进制记数法）
	%e	输出单（双）精度浮点数、e-记数法	把输入解释成单精度浮点数（科学记数法）
	%E	输出单（双）精度浮点数、E-记数法	
字符	%c	输出一个字符	把输入解释成一个字符
字符串	%s	输出字符串	把输入解释成字符串
	%[…]	（无）	只接收方括号中的字符作为字符串。如%[a-z]只接收小写字母，%[0-9]只接收数字
	%[^…]	（无）	只接收方括号字符之外的字符作为字符串。如%[^\n]接收换行符之外的任何字符
其他	%6d	指定输出的宽度值（例子中宽度为6）	输入时最大宽度
	%5.2f	指定输出的小数位数（例子中2位小数）	（无）
	%-20s	指定左对齐输出（例子中宽度20，左对齐）	（无）
百分号	%%	直接输出一个百分号	（无）

注：%f 和%lf 在输出时是相同的，在输入时则完全不同。

附录 D 常用库函数

附表 D-1 常用输入输出函数（<stdio.h>）

类别	函数原型	功能	返回值
标准输入输出	int scanf(const char *format, ...)	从标准输入流 stdin（键盘）读取数据，根据 format 处理输入的数据	读取的数据个数，出错返回 EOF
	int printf(const char *format, ...)	把数据写入到标准输出流 stdout（屏幕），根据 format 产生输出	输出字符的个数，出错返回负数
	int getchar(void)	从 stdin 读取下一个可用的字符	读取的字符，出错返回 EOF
	int putchar(int c)	把字符 c 输出到 stdout 上	写入的字符，出错返回 EOF
	char *gets(char *buf)	从 stdin 读取一行到 buf 所指向的缓冲区，直到一个终止符或 EOF	读取的字符串，出错返回 NULL
	int puts(const char *buf)	把字符串 buf 和一个换行符写入到 stdout	非负数，出错返回 EOF
文件打开和关闭	FILE *fopen(const char * name, const char * mode)	以访问模式 mode 打开文件 name	文件指针，出错返回 NULL
	int feof(FILE *fp)	检查文件 fp 是否到文件尾（End of File）	结束时返回非 0，否则返回 0
	int fclose(FILE *fp)	关闭 fp 指向的文件	返回 0，出错返回 EOF
文本文件	int fscanf(File *fp, const char *format, ...)	类似于 scanf 函数，但是从 fp 指向的文件读取	读取的数据个数，出错返回 EOF
	int fprintf(File *fp, const char *format, ...)	类似于 printf 函数，但是输出到 fp 指向的文件	输出字符的个数，出错返回负数
	int fgetc(FILE * fp)	从 fp 所指向的输入文件中读取一个字符	读取的字符，出错返回 EOF
	int fputc(int c, FILE *fp)	把字符 c 写入 fp 所指向的输出文件	写入的字符，出错返回 EOF
	char* fgets(char* buf, int n, FILE * fp)	从 fp 所指向的输入文件中读取一行字符串，最多为 n-1 个字符，并存入 buf	读取的字符串，出错返回 NULL
	int fputs(char* str, FILE *fp)	把 str 字符串写入 fp 所指向的输出流中	非负数，出错返回非 EOF
二进制文件	int fread(void *buf, int size, int n, File *fp)	从 fp 指向的文件读取长度为 size 的 n 个数据项，保存到 buf 中	读取的数据项个数，失败返回 0
	int fwrite(void *buf, int size, int n, File *fp)	把长度为 size 的 n 个数据项写入到 fp 所指向的文件中	写入的数据项个数，失败返回小于个数的值
文件操纵	int remove(char const *name)	删除由 name 指定的文件	返回 0，出错返回非 0
	int rename(char const *oName, char const *nName);	将文件 oName 改名为 nName	返回 0，出错返回非 0

附表 D-2　常用数学函数（<math.h>）

函数原型	功能	返回值
int abs(int)	求整数的绝对值	绝对值
double fabs(double)	求实数的绝对值	绝对值
double fmod(double, double)	求实数的余数	余数的双精度数
double sqrt(double)	求平方根	计算结果
double sin(double x)	计算 sin(x)的值，单位为弧度	计算结果
double cos(double x)	计算 cos(x)的值，单位为弧度	计算结果
double exp(double x)	求 e 的 x 次方	计算结果
double pow(double x, double y)	求 x 的 y 次方	计算结果
double log(double x)	计算 ln(x)的值	计算结果
double log10(double x)	计算 log10(x)的值	计算结果

附表 D-3　常用字符串函数（<string.h>）

函数原型	功能	返回值
int strlen(const char *)	求字符串长度	字符串所包含的字符个数
char* strcpy(char *,const char *)	字符串复制	目的字符串地址
char* strcat(char *,const char *)	字符串连接	目的字符串地址
int strcmp(const char *, const char *)	字符串比较	0=相同；1=大于；-1=小于
char* strupr(char *);	字符串转大写	目的字符串地址
char* strlwr(char *);	字符串转小写	目的字符串地址

附表 D-4　内存动态管理函数（<stdlib.h>）

函数	功能	返回值
void *calloc(int n, int size)	动态分配 n*size 个字节长度的内存空间，并且每个字节初始化为 0	失败返回 NULL
void *malloc(int num)	动态分配 num 个字节长度的内存空间，但不初始化，每个字节的值未知	失败返回 NULL
void *realloc(void *addr, int newsize)	重新分配内存，把内存长度扩展到 newsize，并且复制原来的数据到新的空间	失败返回 NULL
void free(void *addr)	释放上述函数分配的内存，addr 是内存的地址	无

注：void *类型表示未确定类型的指针。void *类型可以通过强制类型转换转换为任何其他类型的指针。

附表 D-5　其他常用函数（<stdlib.h>）

函数原型	功能	返回值
void abort(void)	异常终止程序的执行，不做结束工作	无
void exit(int)	终止程序的执行，做结束工作	无
double atof(const char *s)	将 s 所指向的字符串转换成双精度数	双精度数

函数原型	功能	返回值
int atoi(const char *s)	将 s 所指向的字符串转换成整数	整数值
char* itoa(int i，char* buf，int radix)	以基数 radix 为进制，将整数 i 转换为字符串 buf	字符串
int rand(void)	产生范围在 0~RAND_MAX 间的伪随机数	随机整数
void srand(unsigned int)	初始化随机数发生器	无
int system(const char *s)	执行 s 所指向的字符串（作为一个可执行文件）	错误代码

附录 E　C 代码规范

一、命名

命名，包括变量名、常量名、函数名、参数名、结构体名等，是程序设计中重要的一部分。一个好的名称，体现了一个深思熟虑的过程，同时能提高代码的可读性，达到自我解释的目的，减少注释的使用。如果程序中充满了 abc, x, y, z, tmp, wen, cj 等命名，几天之后可能连编写者自己都忘记了其含义。

1. 结构体名

结构体名必须是名词，必须明确表示这个结构体代表什么。结构体名首字母大写，如果由多个单词组成，第二个单词起首字母大写，不要出现下划线"_"，例如 SchoolClass。

2. 变量名和参数名

变量名必须是名词，必须明确表示这个变量代表什么。变量名首字母小写，如果由多个单词组成，第二个单词起首字母大写，不要出现下划线"_"，例如 courseScore。

3. 函数名

函数表示执行一个任务，因此应当用动词来命名，表示函数的功能或动作。函数名首字母小写，如果由多个单词组成，第二个单词起首字母大写，不要出现下划线"_"，例如 getAverage。

4. 使用前缀的变量命名

指针变量应在名称前加上 p 前缀，其后变量名命名规则不变。*号靠近类型名称，一行语句中只出现一个指针变量。例如下述代码。

```
int* pScore;
```

（1）全局变量。全用变量应在名称前加上 g 前缀，其后变量名命名规则不变。例如下述代码。

```
int gCount;
```

（2）静态变量。静态变量应在名称前加上 s 前缀，其后变量名命名规则不变。例如下述代码。

```
int sCount;
```

5. 使用大写的变量命名

（1）枚举类型。枚举类型命名规则是全部使用大写字母，用下划线分隔单词。

```
enum PIN {PIN_OFF, PIN_ON};
```

（2）常量名。常量名规则是全部使用大写字母，用下划线分隔单词，例如 MAX_NUMBER。

（3）宏。宏命名规则全部使用大写字母，用下划线分隔单词。

```
#define MAX_LENGTH 50
#define MAX(a, b) (a)>(b)?(a):(b)
```

二、格式

1. 花括号 {} 规则

前花括号 "{" 位于上一行的行末，不单独占一行。旧的规范是单独占一行。后花括号 "}" 位于行首，除了 else 之外，单独占一行。

If、for 或 while 后的语句块哪怕只有一行，也要加上 "{" 与 "}"。

```
if (...) {
    printf("hello\n");
}else{
    printf("hi\n");
}
```

2. 空格规则

在等号 "=" 等符号的前后应该保留一个空格。在逗号、分号等符号的前面不应该有空格，在后面则应该保留一个空格。例如下述代码。

```
int i, j;
i = 1;
for (i = 1; i < 5; i++) {
}
```

3. 缩进规则

缩进用空格或者 TAB，一个 TAB 永远为 4 个空格。如果缩进超过 5 层，考虑代码优化，例如拆分为另一个函数。

4. 列长度

一列不应该超过 80 个英文字符。

一个声明占一行。

5. 三元表达式

条件表达式占一行，例如下述代码。

```
(condition) ? funct1() : func2();
```

或者占三行。

```
        (condition)
            ? long statement
            : another long statement;
```